KB157125

열두 달,

민화
그리고
꽃

열두 달,
민화 그리고 꽃

이영선 · 이영애 지음

팜파스

PROLOGUE

꽃을 가꾸고
그 아름다움을
그리는 시간

옛날 문인들은 꽃의 아름다움 자체보다 꽃이 주는 가치에 주목하여
관념적으로 바라보았습니다.
꽃을 키우는 것이 심지를 굳게 하고 덕성을 기르기 위한 것이라고 여기기도 했습니다.
우리의 민화 속에는 현실적인 '행복'을 바라는 마음이 더해져 있습니다.
꽃 한 송이에 선조들이 주목했던 삶의 가치와 이야기
그리고 꿈들에 대한 이야기가 담겨 있습니다.

이번 작업을 하기 전까지 저에게 꽃은 따뜻한 봄, 희망의 상징이었습니다.
하지만 작업을 하면서 사계절 동안 꽃을 만나며
그 계절에만 느낄 수 있는 순간들이 피고 진다는 것이 애틋하게 다가왔습니다.
처음에는 작업을 위해 내었던 시간이었지만,
결과적으로 꽃과 그림과 함께했던 이 사계절이 제 삶을 더 소중히 느낄 수 있게 해주었습니다.
분주한 삶 속에서 나 아닌 다른 생명을 소중히 여기는 것,
계절마다 피어나는 아름다운 순간을 교감하고,
행복한 삶으로 가는 길이 될 것이라고 생각합니다.
그래서 옛 사람들도 그렇게 꽃을 심고 바라보고
시를 쓰고 그림을 그렸나 봅니다.

CONTENTS

PROLOGUE · 005

Flower Arrangement

Basic 01
꽃과 함께하는 친구들 도구 · 010

Basic 02
좋아하는 꽃과 더 오래 함께 있기 위한 생화 관리법 · 013

Drawing

Basic 01
동양화 재료의 기초 지식 · 014

Basic 02
기본 익히기

배접하기 · 022
반수 칠하기 · 024
밑색 칠하기 · 026
밑그림 그리기 · 028
바림하기 · 029

꽃과 함께 하는 아름다운 날들

January
Tulip

그리웠던 봄의 시작, 튤립 · 033

꽃꽂이 클래스 · 034

민화로 꽃 그리기 · 040

February
Daffodil

나를 사랑하는 한 해가 되길, 수선화 · 046

꽃꽂이 클래스 · 048

민화로 꽃 그리기 · 054

March
Plum

추위에도 아랑곳하지 않고 피는 매화 · 062

꽃꽂이 클래스 · 064

민화로 꽃 그리기 · 070

April
Cherry Blossom

하늘 가득 흐드러진 벚꽃 · 079

꽃꽂이 클래스 · 080

민화로 꽃 그리기 · 086

May
Peony

5월에 피는 수줍은 꽃, 작약 · 092

꽃꽃이 클래스 · 094

민화로 꽃 그리기 · 100

June
Rose

사랑을 말해요, 장미 · 109

꽃꽃이 클래스 · 110

민화로 꽃 그리기 · 118

July
Sunflower

여름 햇살 가득 담은 해바라기 · 127

꽃꽃이 클래스 · 128

민화로 꽃 그리기 · 134

August
Succulent plant

뜨거운 것이 좋아, 다육식물 · 144

꽃꽃이 클래스 · 146

민화로 꽃 그리기 · 154

September
Dahlia

가을의 분위기를 담은 다알리아 · 160

꽃꽂이 클래스 · 162

민화로 꽃 그리기 · 170

October
Chrysanthemum

선선한 바람을 기다린 국화 · 178

꽃꽂이 클래스 · 180

민화로 꽃 그리기 · 188

November
Reed

겨울에게 인사를 건네는 갈대 · 196

꽃꽂이 클래스 · 198

민화로 꽃 그리기 · 206

December
Brunia

실버 크리스마스의 손님, 브루니아 · 215

꽃꽂이 클래스 · 216

민화로 꽃 그리기 · 222

참고문헌 · 230

도안 별지

Flower Arrangement

Basic 01

꽃과 함께하는 친구들
도구

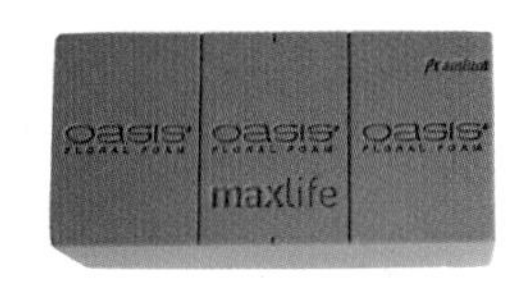

플로랄폼
꽃바구니에서 가장 많이 사용하는 도구로
꽃을 꽂을 때 지탱해주고, 물을 공급해준다.

플로랄폼 링
링 모양으로 만들어진 플로랄폼

플로랄폼 칼
플로랄폼을 자를 때 사용하는 칼

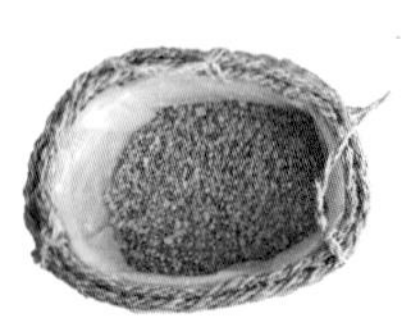

흙, 마사토
식물을 심을 때 식물의 영양 공급원이 되어주고,
식물이 잘 자라는 환경을 만들어준다.

거름망
흙과 마사토의 유실을 막는 도구

삽
흙을 펴주는 도구

생화본드
꽃을 붙일 때 쓰는 생화 접착제

플로랄폼 Fix
플로랄폼 껌이라고도 불리며
다른 도구를 고정해주는 접착제

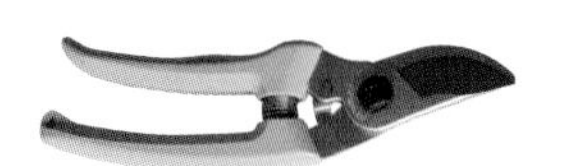

전지 가위
두꺼운 줄기나, 얇은 나무를
자를 때 쓰는 도구

조화 가위
줄기가 철사로 만들어진 조화를
자를 때 쓰는 도구

생화 가위
꽃의 줄기를 자를 때 사용하는 도구

리본 가위
리본을 자를 때 사용하는 도구

지철사

줄기가 약한 꽃의
지지대 역할을 해주는 철사

바인드 와이어

꽃다발과 부케에서 꽃을 묶어주는 끈

마끈

꽃다발을 묶을 때 사용하기도 하고,
내추럴한 디자인을 표현할 때도 사용한다.

카파 와이어

리스에서 자주 사용되는 와이어로
묶어줄 때 편리한 도구

리본

꽃다발, 부케에서
꽃을 예쁘게 묶는 도구

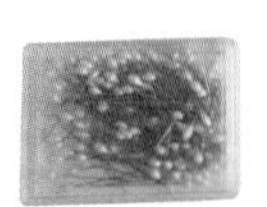

진주핀

부케에서 리본을
고정할 때 쓰이는 도구

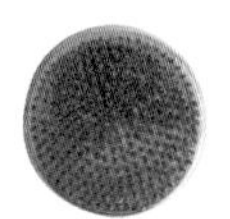

침봉

동양 꽃꽂이에서 많이 사용되며,
꽃을 고정해주는 도구

리스 틀

마른 소재로 리스를 만들 때
사용하는 도구

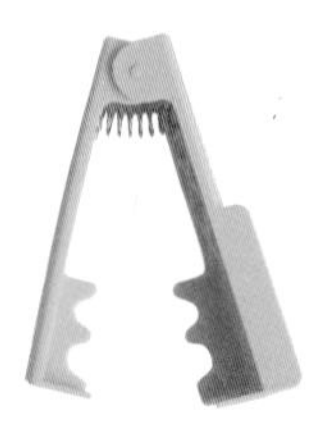

가시 제거기

꽃줄기에 붙어 있는
가시를 제거할 때 쓰는 도구

Basic 02

좋아하는 꽃과 더 오래 함께 있기 위한 생화 관리법

1. 꽃은 서늘한 온도를 좋아해서 차가운 물을 좋아해요(꽃마다 조금씩은 다르지만 대체로 낮은 온도에서 오래 유지됩니다).

2. 매일매일 차가운 물로 갈아주세요.

3. 꽃을 물에 담그기 전, 바로 직전에 줄기를 최대한 사선으로 잘라 바로 화병에 담가주세요. 공기 중에 줄기 단면이 노출되는 시간이 짧을수록 좋아요.

4. 화병에 줄기를 담글 때는 잎이 물에 닿지 않게 해주세요. 잎이 물에 닿으면 미생물이 생겨 꽃줄기의 물관을 막히게 해요.

5. 꽃은 햇볕이 있는 곳보다 그늘진 서늘한 곳을 좋아해요. 뿌리가 있는 식물이라면 식물에 따라 햇볕도 봐야겠지만, 절화(잘려진 생화, 뿌리가 없는 꽃)는 햇빛보다는 그늘에 있는 걸 더 좋아해요.

6. 과일 옆자리는 피해주세요. 과일에서 발생하는 탄소가 꽃을 금방 시들게 해요.

7. 시든 꽃이 있다면 과감하게 빼주세요. 시든 꽃에서도 탄소가 발생해 싱싱한 꽃에 영향을 줘요. 친구 따라 강남 가는 꽃들이에요.

8. 꽃 얼굴 쪽으로는 물이 닿지 않도록 조심해주세요(예외로 수국은 얼굴에 물이 닿는 것도 좋아해요).

Drawing

Basic 01

동양화 재료의 기초 지식

종이

한지는 우리나라 고유의 종이로, 닥나무를 원료로 사용해요. 한지는 원료에 따라, 그리고 만드는 방법, 크기와 두께에 따라 다양한 종류가 있어요. 채색을 입히기에는 닥나무로 만든 순지 중에서도 크고 두껍고 단단한 종이인 장지에 그리는 것이 좋습니다. 그중에서도 장지 두 장을 합지한 이합장지를 사용하는 것이 적당해요. 더 밀도 있는 두꺼운 채색을 원할 경우에는 더 깊은 느낌을 낼 수 있는 삼합장지를 사용해도 좋아요. 이 외에도 채색을 입힐 수 있는 다양한 한지들이 있기 때문에, 여러 종류의 한지를 접해보며 자신의 그림 특성에 잘 맞는 종이를 선택하면 됩니다. 종이는 같은 제품이라도 만들 때마다 조금씩 다를 수 있기 때문에 마음에 드는 종이가 있다면 다량으로 구입해두는 것을 추천합니다.

• 종이는 습한 곳을 피해서 보관해주세요. 습기를 먹게 되면 종이가 푸석푸석해져 붓질이 잘 안 될 수 있습니다.

붓

붓의 종류는 털의 종류, 굵기와 길이, 두 종류 이상의 서로 다른 동물의 털을 섞어 만드는 방법, 심재의 유무에 따라 구분할 수 있어요. 채색화용 붓은 탄력을 좋게 하기 위해서 기본적으로 수묵화용 붓에 비하여 아주 짧고 작으며, 심재를 넣는 경우가 많습니다. 사용하는 털의 종류는 주로 족제비, 양, 말, 사슴, 너구리, 토끼 등의 털이 사용되는데, 그 종류에 따라 표현 효과도 달라질 수 있어요.
이 책에서 주로 사용할 붓은 유연한 선묘에 용이하고, 섬세하고 세밀한 부분을 묘사할 수 있는 세필붓과 부드러운 색의 단계를 표현하기에 용이한 채색붓, 넓은 면적을 고르게 칠하기에 용이한 평붓입니다. 각 붓은 직경에 따라 대 · 중 · 소로 다시 한번 크기가 나눠지기 때문에 그리는 그림 크기에 맞는 붓을 골라 사용하세요.

- 붓을 처음 구매하여 사용할 때는 미지근한 물에 담가 붓에 붙어 있던 접착제를 깨끗이 풀어낸 후 사용해주세요.
- 물감이나 먹, 아교가 묻은 상태로 보관하게 되면 붓털의 성질이 변하기 때문에, 사용한 붓은 반드시 깨끗하게 빨아서 물기를 제거한 뒤 눕히거나 매달아 말려주세요. 붓통에 꽂아 붓털이 위로 간 상태에서 말리는 것은 좋지 않아요!
- 책에 수록된 그림들을 그리기 위해서는 소(小) 사이즈의 붓을 추천합니다.

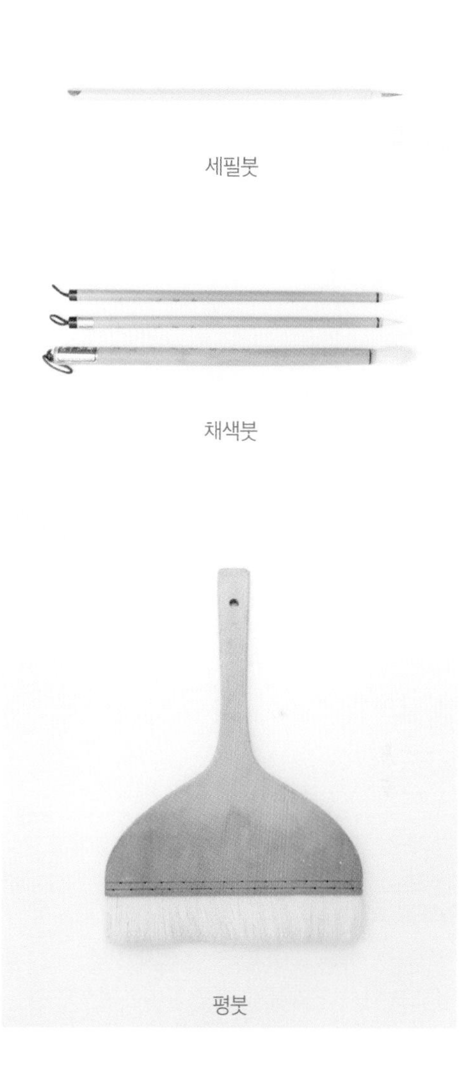

세필붓

채색붓

평붓

먹

먹은 주로 수묵화에서 사용되지만, 채색화에서도 부분적으로 사용됩니다. 먹의 기본 색은 검은색이지만, 어떤 원료를 사용했느냐에 따라 쥐색, 청색, 갈색 등으로 먹빛이 세분화될 수 있습니다. 먹은 그을음을 아교로 굳혀서 만드는데, 그을음의 주원료는 소나무와 식물성 기름이 있습니다. 소나무를 주원료로 한 먹을 송연먹, 식물성 기름을 주원료로 한 먹을 유연먹이라고 합니다.

송연먹은 나무의 송진이 타면서 만들어내는 그을음으로 만든 먹으로, 먹색이 맑고 깊으며 아교의 성분이 적다는 게 특징이에요. 식물의 씨에서 얻은 기름을 태워 만든 유연먹은 옛날 조정에 바쳐지던 고급 먹입니다. 그밖에 우리가 일반적으로 사용하는 저렴한 먹들은 대체로 광물을 원료로 만들어진 것입니다.

- 완전히 건조되었다고 생각되는 먹이라고 하더라도 먹 자체에 있는 수분을 갖고 계속 호흡하기 때문에, 사계절을 지나면서 습기를 흡수하기도 하고 방출하기도 해요. 이 때문에 습도 조절이 잘되는 오동나무 상자에 담아 보관하는 것이 좋습니다.
- 종류가 다른 먹을 섞어서 갈면 의외로 깊은 맛을 낼 수 있어요.
- 먹색은 투명감이 가장 중요하기 때문에, 탁한 먹은 사용하지 않는 것이 좋아요. 또한 먹에서 나쁜 냄새가 나거나 부패한 경우에도 사용하지 않는 것이 좋습니다.

채색 물감

튜브 물감_ 안료와 아교, 방부제 등이 혼합되어 튜브에 담긴 물감입니다. 아교와 안료의 비율이 일정하고 입자가 가늘기 때문에 일반적으로 많이 사용하는 물감입니다.

- 누구나 편하게 사용할 수 있기 때문에 이 책에서는 튜브 물감을 사용하여 그림을 그렸습니다.
- 책에서 사용하는 색은 호분, 황, 황토, 주황, 홍매, 양홍#2, 맹황, 백록, 군청, 수감, 대자, 고동, 흑색(신한 한국화 물감)입니다.

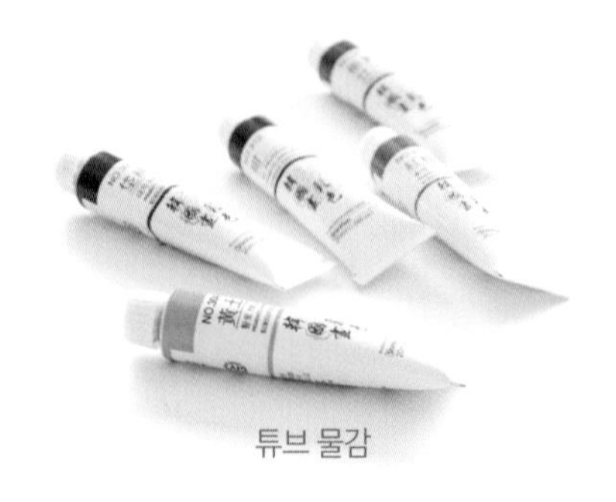

튜브 물감

접시 물감_ 안교에 아교 물을 풀어서 사기 접시에 부어 굳힌 물감입니다. 사용하기에 편리하지만 입자가 곱기 때문에 채색화보다는 수묵화의 담채용으로 많이 사용됩니다.

봉채_ 예전부터 사용해오던 물감으로 안료를 벌꿀 등으로 굳혀, 손가락 정도 굵기의 막대 형태로 만든 물감입니다. 접시에 물을 넣고 먹처럼 갈아서 사용하면 됩니다. 소품 제작이나 담채 등 소량을 사용할 때 편리합니다.[1]

분채_ 고착제가 혼합되어 있지 않은 천연 안료를 정제한 물감입니다. 사용할 때마다 안료 가루를 아교 물에 개어서 써야 하기 때문에 제작 준비에 시간이 많이 소요된다는 번거로움이 있어요. 하지만 입자가 굵어 색상이 선명하고, 아교 물의 양, 색의 농도 등을 마음대로 조절할 수 있으며, 색의 혼합이 쉽다는 장점이 있어 가장 많이 사용되고 있습니다.

석채_ 석채(石彩)는 암채(岩彩)라고도 하며, 색깔을 지닌 천연의 광석을 빻아서 만든 돌가루입니다. 깊이 있고 고운 채색이 가능한 아주 우수한 안료지만, 산지가 제한되어 있고 채굴량이 적기 때문에 구하기가 어렵고 비싼 물감이에요.

접시 물감

봉채

분채

석채

1 김선미, <한국 채색화의 재료와 기법 연구>, 성신여자대학교 교육대학원: 교육학과 미술교육 전공, 2004, p.40.

아교

아교는 안료를 화면에 정착시키는 접착제로 동양화를 아교 그림이라고 해도 좋을 만큼 동양화에서 큰 역할을 하고 있어요. 아교는 지금과 같은 풀이 등장하기 전에 선조들이 자연물에서 추출하여 만든 접착제로 동물의 가죽, 근육, 뼈 등에서 얻은 콜라겐이 포함되어 있습니다.

막대아교

알아교

병아교

아교의 종류

막대아교_ 막대 모양의 길고 딱딱한 상태로 방부제가 들어 있지 않아, 아교 중에 가장 많이 사용됩니다. 일반적으로 10~15g 정도의 무게를 지니고 있어, 1L(리터)의 반수물을 만들 때 따로 저울에 잴 필요 없이 막대아교 하나만 불리면 됩니다.

알아교_ 알맹이 상태로 순도, 투명도가 높고 접착력도 비교적 강한 편이에요. 방부제가 많이 포함되어 있지만, 막대아교에 비해 사용하기 편리합니다.

병아교_ 액체 상태의 아교로, 따로 아교 물을 만들어야 하는 번거로움이 없어 사용하기에 가장 편리합니다. 하지만 방부제가 많이 포함되어 있어요. 시중에 판매되는 것 중에는 포르말린이 들어 있는 것도 있으니 주의해서 사용해야 합니다.[2]

• 2 〈소지(素地) 처리 및 재료 기법〉, 김식

그 외 그리기에 필요한 재료들

연필, 지우개, 볼펜

노루지

초배지

배접붓(탕탕붓)

물감 접시(도자기제 접시)

먹 접시(도자기제 접시)

대야
마스킹 테이프
분무기
유리병
물통
동양화 화판

재료 구입처

온라인

민화화실bliss 스토어팜_ 책의 도안과 같은 크기의 화판들을 배접, 아교반수 그리고 밑색의 옵션으로 선택하여 구매할 수 있어요. 또 아교반수 이합장지 전지 사이즈(76×144cm(±1cm))를 함께 구매할 수 있어 연습용으로 가볍게 그리거나, 족자 등의 배접을 원하는 경우 크기에 맞게 재단하여 그려볼 수도 있습니다. 구매 시, 전사 작업에 용이한 재단된 노루지 한 장을 함께 주며, 그 외에 원하는 사이즈대로 주문하여 구매할 수 있습니다. 책을 참고하여, 또 다양하게 동양 채색화를 그려보세요!

https://smartstore.naver.com/bliss_out
카카오톡 아이디: blisshanji

서예백화점(삼보당)_ 서예, 문인화, 민화에 두루 조예가 깊으신 사장님이 운영하시는 35년 된 필방이에요. 조예가 깊으신 만큼, 재료에 대한 해박한 지식과 다양한 종류로 필방을 가득 채워 놓으셨다고 해요! 지류, 붓, 안료 등이 다양하게 구비되어 있고, 특별히 문인화나 공필화에 대한 서적도 필방 한 켠을 빛내고 있다고 하니, 시간가는 줄 모르고 구경할 수 있는 필방입니다. 실제로 끊임없이 붓과 지류를 직접 연구하시기 때문에 더욱 믿고 구매할 수 있는 곳입니다. 인터넷으로도 구매 가능합니다.

부산광역시 동래구 충렬대로 249-1 / 051-555-7707
http://www.sambodang.co.kr/

오프라인

백제한지_ 인사동에서 40년간 자리를 지키고 있는 백제한지는 한지의 종류가 많아 여러 박물관과도 꾸준히 거래하고 있는 필방입니다. 다양한 한지를 직접 눈으로 보고 손으로 만져보고 싶은 분들에겐 반가운 필방입니다.

서울 종로구 인사동5길 15-1 / 02-734-3966

성문당필방_ 인사동에 위치한 아담한 사이즈에 필방이지만, 없는 게 없는 곳! 인간문화재 장인이 직접 붓을 매기 때문에 가격 대비 붓의 성능이 좋아요. 장인의 손길이 배어 있는 붓을 사용해보고 싶다면 이곳을 추천합니다. 뿐만 아니라 벼루와 먹에 대한 해박한 지식을 보유하고 계신 사장님과 대화하며 좀 더 자신의 그림에 맞는 재료를 공부하기 좋은 필방입니다.

서울시 종로구 인사동 14-1 / 02-735-4059

Drawing

Basic 02

기본 익히기

배접하기

배접은 그림이나 글씨 등의 작품을 더 잘 보존하고 보관하기 위하여 족자, 두루마기, 액자 등으로 표장하는 기술을 말해요. 동양화 화판에 종이를 배접하여 그림을 그리면, 물에 닿으면 수축하거나 팽창하는 종이의 특성을 잘 잡아주어 구겨짐 없이 그림을 그릴 수 있습니다. 또 완성 후 보관과 액자 제작에도 훨씬 용이하기 때문에, 그림을 소중히 보관할 수 있도록 배접은 필요한 과정입니다.

준비물 초배지가 붙여진 동양화 화판, 이합장지, 밀가루 풀, 분무기, 배접붓, 칼, 자

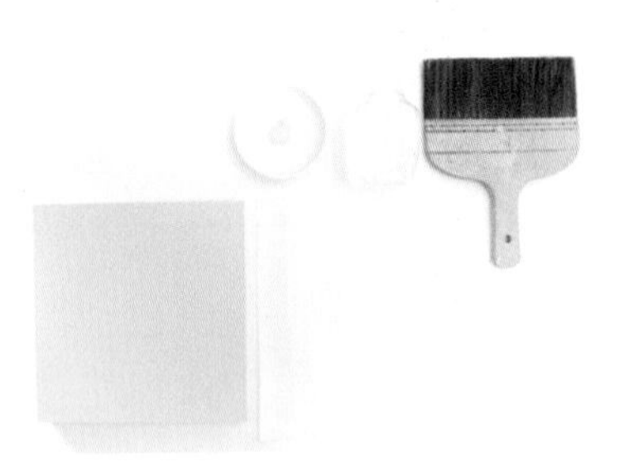

01 밀가루 풀, 분무기, 초배지가 붙여진 동양화 화판, 이합장지, 배접붓을 준비해주세요.

- 초배지는 화판의 나무 물이 올라옴을 방지해주는 역할을 하기 때문에 미리 붙여주는 게 좋아요.

02 장지를 화판보다 좀 더 여유 있는 크기로 자르고, 분무기로 물을 분사시켜 전체적으로 적셔주세요.

- 장지는 화판의 옆 부분까지 여유 있게 덮어질 정도로 재단해주세요.
- 종이는 젖어 있을 때 팽창하고, 마르면 수축하는 성질이 있으므로 물에 적셔 배접해야 팽팽하게 붙일 수 있습니다.
- 종이를 너무 흠뻑 적시면 붙이는 과정에서 쉽게 찢어질 수 있으니 멀리서 분사하여 촉촉하게 젖도록 해주세요.

03 화판의 옆면에 밀가루 풀을 고르게 발라주세요.

• 반드시 그림이 그려질 윗면이 아닌, 옆면에 발라주세요.

04 적셔놓은 이합장지를 화판 위로 여유 크기를 잘 맞춰 올려주세요.

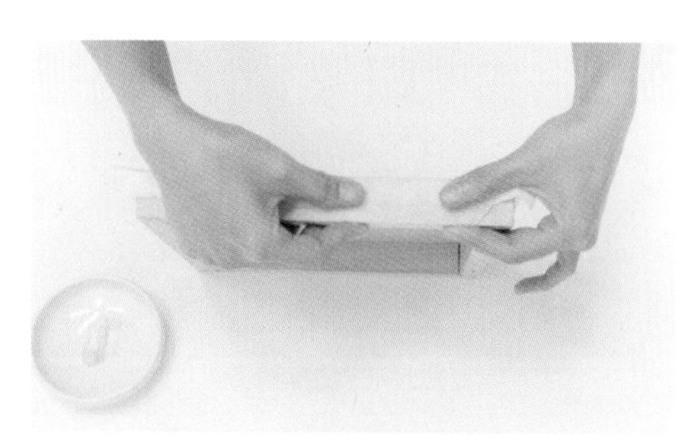

05 먼저 한쪽 면을 손가락의 힘으로 조금씩 잡아당겨 붙여 고정해주세요. 그다음에는 반대쪽 면을 당겨 붙여주고, 그다음에는 좌우의 순서로 네 면을 모두 붙여주세요.

• 너무 세게 당기면 종이가 찢어질 수 있으니 조심해서 당겨주세요.

06 모서리는 쉽게 뜰 수 있는 부분이기 때문에 한 번 더 당겨 붙여주세요.

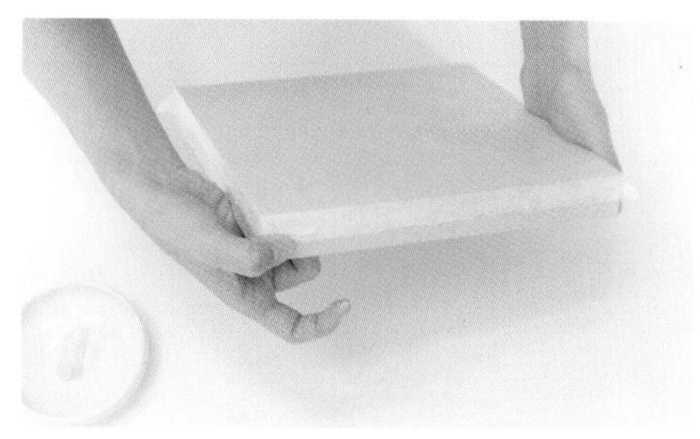

07 모서리 쪽에 튀어나온 종이는 접은 후 옆면으로 넘겨 밀가루 풀로 붙여주세요.

08 배접이 완성되었습니다!

• 평평한 곳에 놓고 잘 말려주세요.

반수 칠하기

반수는 물에 아교와 백반을 섞어 만든 것으로, 물감이 종이에 번지거나 흡수되는 것을 막아주는 역할을 해요. 반수 처리를 해주면 수묵화처럼 쉽게 번지지 않아 깔끔하게 채색할 수 있고, 여러 번 덧칠해서 채색해도 종이 표면에서 물감이 떨어지지 않습니다. 그러므로 물감을 여러 번 쌓아서 그림을 그리는 채색화의 경우 반드시 필요한 과정입니다. 종이뿐만 아니라 나무, 견, 금·은박 등의 여러 기저물에도 반수 처리를 해주면 그림을 그릴 수 있어요. 이때 아교의 비율이 낮으면 점성이 떨어져 물감이 박락될 수 있고, 아교의 비율이 너무 높으면 변색이 생기거나 그림에 균열이 생길 수 있으니 다음의 일반적인 비율을 참고해주세요.

준비물 물 500ml, 알아교 7~8g(혹은 막대아교 2분의 1개), 백반 5g, 평붓, 500ml 이상의 볼, 유리병, 이합장지

- 위의 반수 비율은 장지이합 정도의 두께에 적당한 농도입니다. 반수의 농도는 사용되는 기저물에 따라 두꺼운 종이는 좀 더 강하게, 얇은 종이나 견은 좀 더 약하게 해주세요.
- 위의 반수 비율은 총 500ml의 반수를 만드는 비율입니다. 1L의 반수를 만들려면 물 1L, 알아교 15g(혹은 막대아교 1개), 백반 5g의 비율로 사용해주세요.

01 유리병에 물 200ml와 알아교 7~8g을 넣고 반나절 정도 불려주세요.

- 시간이 지날수록 선명했던 알갱이가 물에 풀어지는 것을 육안으로 확인할 수 있습니다.
- 중탕 가능한 머그컵이나 유리병을 사용해주세요.

02 물 300ml를 전기포트에 넣고 팔팔 끓여주세요.

- 이때 물의 온도는 80~90℃가 적당합니다.

03 500ml 이상 들어가는 큰 볼에 2번 과정의 뜨거운 물 300ml를 넣고 1번 과정의 불린 아교액을 중탕시켜주세요.

04 아교액이 완전히 중탕되어 녹으면 볼에 부어 500ml의 반수를 만들어주세요.

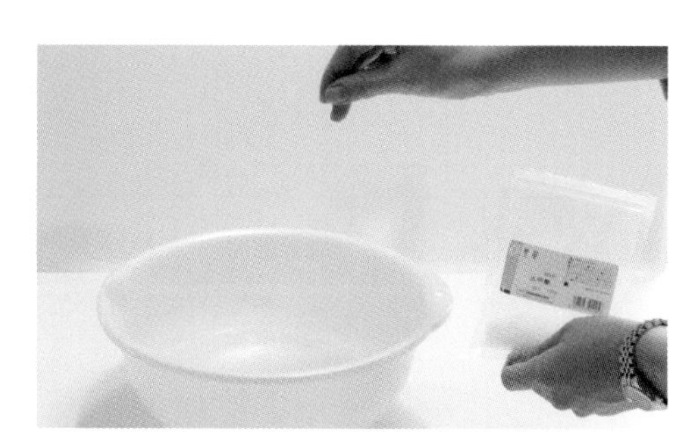

05 백반 5g을 넣고 잘 저어 녹여주세요. 반수 만들기가 완성되었습니다!

- 백반이 녹는 순간부터 약간 구린 냄새가 날 수 있는데, 잘되고 있는 과정이에요!

06 반수가 식기 전에 넓적한 평붓을 사용하여 한쪽 방향으로 칠해주세요.

- 반수는 반드시 70℃ 정도의 뜨거운 상태에서 칠해야 합니다.
- 종이가 반수에 완전히 적셔지도록 천천히 칠해줍니다.
- 배접되지 않은 장지만 반수할 경우, 깨끗한 모포 위에 놓고 칠해줍니다(밑에 있는 얼룩이나 색이 묻어나올 수 있어요).

07 반수 칠하기가 완성되었습니다.

- 될 수 있으면 날씨가 좋은 날을 택해서 말리면 좋아요.

반수가 잘됐는지 잘되지 않았는지 확인하고 싶을 때는 반수 처리한 종이에 물을 분사해보세요. 물이 바로 흡수된다면 반수가 잘 안 된 상태이고, 흡수되지 않고 물방울이 맺히면 잘된 상태입니다. 반수가 잘되지 않았을 경우에는 처음 칠한 반수가 완전히 건조된 상태에서 차갑게 식힌 반수 물로 한 번 더 칠해주세요.

- 처음 칠한 반수 위에 다시 뜨거운 반수 물을 칠할 경우, 먼저 칠한 반수가 녹아 문제를 일으킬 수 있습니다.

밑색 칠하기

준비물 커피, 치자열매, 평붓, 볼(유리병)

01 말린 치자열매를 물에 담가 우러나게 하여 치자 물을 만들어주세요.

02 커피도 물에 담가 커피 물을 만들어주세요.

03 1번 과정과 2번 과정을 섞어 밑색을 완성합니다!

- 치자 물은 밑색을 맑게 해주는 역할을 하지만, 밑색을 노랗게 만들어주기도 합니다. 치자 물과 커피 물의 비율은 취향대로 섞어 만들어주세요.

04 평붓을 이용해 얼룩지지 않도록 고루 채색해주세요.

05 밑색 칠하기가 완성되었습니다!

밑그림 그리기

01 그림을 그리게 될 장지가 아닌, 노루지에 먼저 스케치를 해주세요.

- 지우개질은 장지를 쉽게 상하게 할 수 있기 때문에, 반드시 노루지에 먼저 스케치해주세요.

02 노루지 뒷면에 연필로 칠해 먹지를 만들어주세요.

03 먹지 작업이 완성된 도안을 장지에 잘 맞춰서 올려주고, 힘을 주면서 볼펜으로 꼼꼼히 따라 그려 스케치가 잘 배겨날 수 있게 해주세요.

- 작업 중 도안이 움직이지 않도록 마스킹 테이프로 고정해주세요.

04 배겨진 자국을 따라, 세필붓을 이용하여 다시 한번 선을 그어주세요. 연한 먹물로 긋는 것이 일반적이지만, 꽃이나 열매는 물감을 이용해 그에 맞는 색으로 선을 그어주면 좀 더 화사한 분위기로 그림을 그릴 수 있어요.

- 색 선은 물을 많이 섞어 흐리게 그려주세요.

다시 한번 정리하면 ① 먼저 노루지에 스케치를 하고, ② 먹지를 만들어 노루지에 스케치한 것을 장지 위에 따라 그리고, ③ 마지막으로 붓으로 그리는 총 3번의 스케치 과정을 거친 뒤 채색에 들어갑니다.

바림하기

'바림'은 동양화 채색 기법으로, 색을 단계적으로 점점 옅게 하거나 점점 진하게 하는 그러데이션 기법입니다. 물감을 적신 붓과 마른 붓을 양손에 들고 번갈아 터치해주면 그림에 풍성한 입체감을 줄 수 있어요.

01 밑색을 꼼꼼히 채색해주세요.

02 밑색보다 좀 더 진한 색을 칠한 후, 물감이 마르기 전에 물붓으로 경계 부분부터 점점 연하게 풀어주세요.

03 외곽선을 그어 마무리해주세요.

• 반드시 그려야 하는 건 아닙니다. 좀 더 선명한 느낌을 주고 싶을 때 그려주세요.

호분 바림

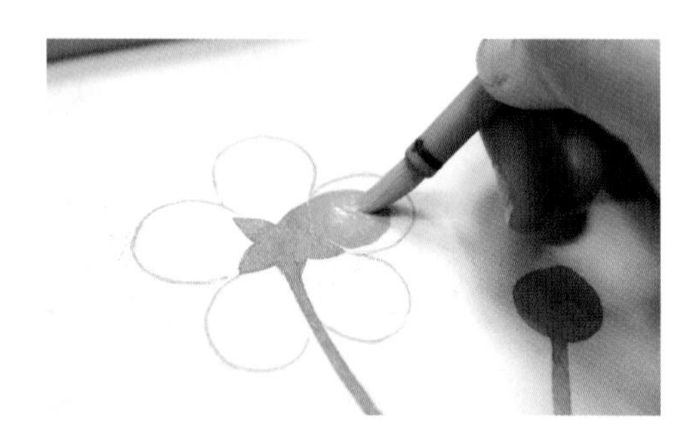

01 색을 칠한 후, 물감이 마르기 전에 물붓으로 경계 부분부터 점점 연하게 풀어주세요.

05 외곽선을 그어 마무리해주세요.

- 반드시 그려야 하는 건 아닙니다. 좀 더 선명한 느낌을 주고 싶을 때 그려주세요.

02 5번 과정의 물감이 완전히 마르면 호분색으로 거꾸로 바림을 넣어 중간에서 자연스럽게 만나도록 풀어주세요.

- 호분색은 종이에 제일 잘 스며드는 색이므로 농도를 짙게 해서 채색해주세요.

chapter 01

January
Tulip

1월

그리웠던 봄의 시작, 튤립

튤립은 시기마다 상징하는 의미가 조금씩 달랐어요.
1593년 네덜란드에 처음 수입되었을 때 튤립은 부의 상징이었어요.[1]
예술적 사치를 누렸던 렘브란트의 정물화에서 그 모습을 찾아볼 수 있죠.
17세기에는 전국적으로 튤립 재배가 매우 성행하게 되면서 투기 열풍을 불러일으켰어요.
튤립의 가격이 계속해서 올라 일단 튤립의 구근을 사두었다고 해요.
튤립 구근이 평균적인 월급의 10배 가격으로 판매되었을 정도로 거품이 생기게 되자 정부에서는
과도한 튤립 투기를 잠재우려 가격을 고정하게 되고, 이로 인해 많은 네덜란드 사람이
재정적으로 고통을 겪게 되면서 튤립은 '무상함, 덧없음'의 상징이 되었어요.[2]
하지만 이후 추운 겨울에도 각양각색의 튤립이 피는 모습을 보여주며,
곧 봄이 온다는 소식을 알리는 생명의 상징이 되었어요.

튤립은 온도에 민감한 꽃 중 하나로, 우리나라는 겨울철 난방 온도를 높게 하기 때문에
튤립의 얼굴(화형)이 활짝 피는 모습을 쉽게 관찰할 수 있어요.
조금 더 오랫동안 튤립을 보고 싶다면, 몽우리 상태의 튤립 중
여러 꽃잎으로 이뤄진 겹튤립을 구매하여, 서늘한 곳에 두면 오랫동안 즐길 수 있어요.

튤립을 예쁘게 즐길 수 있는 몇 가지 팁을 더 알려드릴게요. 신기하게도 튤립은 뿌리가 없는
절화 상태에서도 조금 자라기 때문에 길어질 것을 생각하고 뿌리 부분을 자르는 방법을 추천합니다.
또한 튤립은 구부러지는 성질이 있기 때문에 종이나 신문지로 튤립을 말아 차가운 물에 담가두면
곧게 서는 것을 볼 수 있지요. 이러한 성질을 참고하여 꽃꽂이 하는 것이 좋아요.

- 1 마리나 하일마리어, 수잔네바이스, 《꽃보다 아름다운 그림 속 꽃 이야기》, 예경, 2007.
- 2 위와 동일

… 준비물 …

꽃_ 튤립(AD BEM), 디디스커스, 스콜지아, 시드 유칼립투스, 페이조아(똑같은 튤립이 아니어도 괜찮아요.)

도구_ 화병, 꽃가위

… How to make …

01 화병에 물을 담아주세요. 페이조아 잎을 떼고 줄기 끝을 사선으로 잘라주세요.

02 줄기를 자른 소재와 꽃은 바로바로 물속에 넣어주세요.

- 공기 중에 줄기 단면이 노출되는 시간이 짧을수록 꽃과 잎의 수명도 길어집니다.

03 잎이 물에 닿으면 세균이 번식되어 물이 탁해지고 꽃이 금방 시들어요. 때문에 물속에 잎이 들어가지 않도록 떼어내 주세요(잎을 떼고 나서 줄기를 잘라 화병에 넣어주면 좋아요).

04 잎과 줄기가 정리된 페이조아 잎을 화병에 양옆으로 놓아주세요.

05 시드 유칼립투스 잎의 줄기를 사선으로 자른 후 화병에 자연스럽게 놓아주세요.

06 여러 소재를 정리하여 꽂아주세요.

07 꽂아준 소재는 화병 안에서 교차가 이뤄져 꽃의 지지대 역할을 하게 됩니다.

08 화병 중앙에 튤립 한 대를 꽂아주세요.

09 튤립 잎이 너무 커서 화병에 들어가는 데 방해가 된다면 잎을 제거해주세요. 잎은 아래쪽으로 쭉 당겨주면 쉽게 제거됩니다.

10 튤립 4송이를 자유롭게 튤립의 자라난 방향을 따라 그대로 꽂아주세요.

11 튤립 1단(10송이)으로만 장식을 했어요. 10송이 모두 자연스럽게 꽂아주세요.

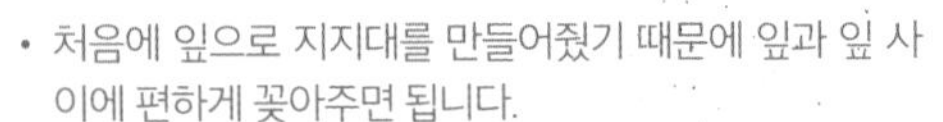

• 처음에 잎으로 지지대를 만들어줬기 때문에 잎과 잎 사이에 편하게 꽂아주면 됩니다.

12 물속에 들어가는 부분에 스콜지아 잎을 정리해주고 줄기를 사선으로 잘라주세요.

13 스콜지아를 튤립과 튤립 사이에 꽂아주세요.

• 꽃을 넣을 때 튤립 잎 때문에 안 보일 수도 있으니, 튤립 잎을 살짝 들어서 줄기가 바닥까지 들어가도록 해주세요.

14 스콜지아는 튤립과 튤립 사이에 3~4개 정도로 꽂아주세요.

15 디디스커스의 줄기를 사선으로 자른 후, 스콜지아의 반대방향으로 꽂아주세요.

16 디디스커스 3~5대를 튤립 사이에 공간을 메꾸어주듯 꽂아주세요.

17 완성된 모습입니다.

봄의 설렘을 닮은 튤립을 그리면서
어쩐지 추운 겨울이 끝났음을 알리는 봄의 전령사 매화가 생각나기도 했어요.
그러나 봄에 대한 그리움을 토로하고 희망을 노래하는 꽃과 그림이
어찌 매화뿐이겠느냐는 생각도 동시에 들었습니다.
단순히 꽃의 아름다움을 그리는 데 그치지 않고,
아름다움 너머의 소망을 이야기하는 민화의 꽃 그림은
예로부터 지금까지 인생의 겨울을 또 한 번 잘 보내고
희망으로 봄을 맞을 수 있는 힘이 되어주었습니다.
그러기에 오늘날까지도 가장 많이 그리는 소재가 된 것이겠지요.
놓인 자리가 어디든 화사하게, 우아하게, 따뜻하게 분위기를 바꿔주는
튤립과 함께 1월의 희망을 그려보세요.

… 준비물 …

이합장지가 배접 & 반수된 동양화 화판(20×40cm),
연필, 볼펜, 물통, 물감 접시, 민화붓 2필, 세필붓 1필

필요한 물감색_ 호분, 황, 황토, 주황,
홍매, 맹황, 백록, 군청, 수감

… How to draw …

01 먹지 작업이 완성된 도안을 장지 위에 잘 맞춰 올려줍니다. 그리고 힘을 주면서 볼펜으로 꼼꼼히 따라 그려 스케치가 잘 배겨날 수 있게 해주세요.

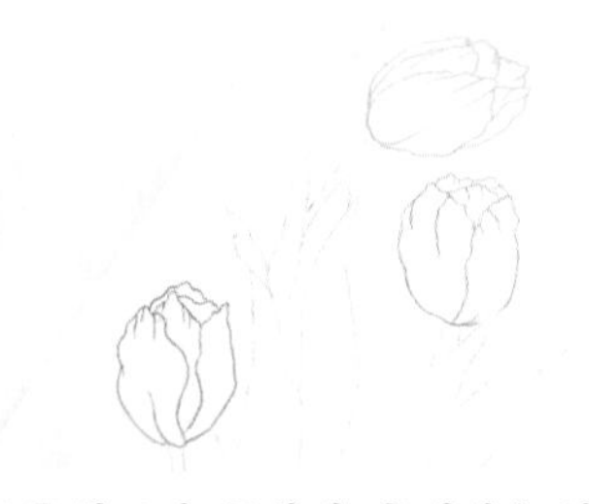

02 황토색, 주황색, 홍매색을 섞어 꽃과 꽃봉오리의 외곽선을 그려주세요.

03 황토색, 맹황색, 백록색을 섞어 줄기와 연한 잎을 꼼꼼히 채색해주세요.

04 맹황색과 수감색을 섞어 진한 이파리도 꼼꼼히 채색해주세요.

05 황색과 황토색을 섞어 꽃잎을 채색해주세요.

06 황토색, 주황색, 홍매색을 섞어 꽃잎의 주름을 따라 각 2분의 1 부분씩 을 채색하고, 물붓을 이용하여 점점 옅게 풀어주는 바림 과정으로 채색하세요.

• 바림의 방향은 이미지(41쪽)를 참고해주세요.

07 바림 중간 과정 모습입니다.

08 호분색, 황색, 황토색을 섞은 색으로 6번 과정에 거꾸로 바림을 넣어 중간에서 자연스럽게 만나도록 풀어주세요.

09 바림 중간 과정 모습입니다.

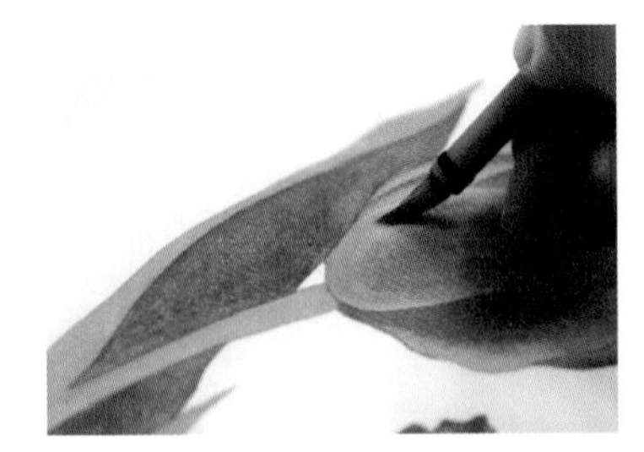

10 호분색, 황토색, 맹황색을 섞어 꽃잎의 아래쪽을 채색하고, 물붓을 이용하여 점점 엷게 풀어주는 바림 과정으로 채색하세요.

• 바림의 방향은 이미지(41쪽)를 참고해주세요.

11 주황색과 홍매색을 섞어 6번 과정에서 바림 채색했던 꽃잎 위로 다시 한번 바림 채색하여 선명하게 그려주세요.

• 6번 과정보다 면적을 좀 더 좁게 채색해주세요.

12 꽃잎의 부드러운 바림 채색이 완성되었습니다.

13 황토색, 맹황색, 백록색, 수감색을 섞어 줄기 부분에 위쪽에서 아래쪽으로 점점 엷게 풀어주는 바림 과정으로 채색하세요.

• 사선으로 기울여서 채색해주세요.

14 13번 과정과 같은 색으로 연한 이파리의 3분의 1 부분씩을 채색하고, 위쪽에서 아래쪽으로 점점 엷게 풀어주는 바림 과정으로 채색하세요.

• 사선으로 기울여서 채색해주세요.

15 맹황색, 군청색, 수감색을 섞어 진한 이파리도 3분의 1 부분씩 채색하고, 위쪽에서 아래쪽으로 점점 엷게 풀어주는 바림 과정으로 채색하세요.

• 사선으로 기울여서 채색해주세요.

16 주황색과 홍매색을 섞어 꽃잎 부분에 선묘를 그려주세요.

- 선묘의 모양은 이미지(41쪽)를 참고해주세요.
- 물을 많이 섞어 가볍게 그려주세요.

17 바림 채색을 진행했던 14번 과정의 색에 수감색을 좀 더 섞은 진한 색으로 연한 잎의 잎맥을 그려주세요.

18 바림 채색을 진행했던 15번 과정의 색에 수감색을 좀 더 섞은 진한 색으로 진한 잎의 잎맥을 그려주세요.

19 잎맥의 묘사가 완성되었습니다.

- 17~18의 과정은 물을 많이 섞어 위쪽에서 아래쪽으로 가볍게 그려주세요.

chapter 02

February
Daffodil

2월

나를 사랑하는 한 해가 되길, 수선화

수선화는 대표적인 구근식물이에요.
구근식물이란 잎, 줄기, 뿌리 중 일부가 땅속에서 자라는 식물을 말해요.
구근식물은 봄에 심는 춘식 구근과 가을에 심는 추식 구근으로 나눠지는데,
가을에 심어 봄에 꽃을 피우는 수선화는 추식 구근에 속해요.
수선화는 인경(비늘줄기)에 해당되는데,
인경은 줄기가 짧으면서 그 형태가 두껍게 변형된 식물이에요.
그렇기 때문에 줄기에 영양분이 가득 차 있어 하루 이틀 정도 늦게 물을 주어도 괜찮아요.
그만큼 관리하기 쉬운 꽃이어서 수선화는 바쁜 분들이 키우기에 좋아요.

수선화는 보통 2~4월에 꽃을 모두 피우고 잎이 누렇게 변하면 6월 말쯤 잎을 자른 후
흙에서 구근을 뽑아 양파망에 넣어 잘 말려줍니다.
그리고 가을에 심으면 그다음 해 봄에 다시 꽃이 올라와요.
여기서 주의할 점은 수선화의 꽃이 시들었다고 해서 바로 뽑으면 안 된다는 점이에요.
이유는 꽃은 다 시들고 잎만 남아 있을 때에도 다음 해에 꽃을 피우기 위해
영양분을 구근에 저장하기 때문이죠.
이처럼 잘 가꿔주기만 한다면 매해 새로운 수선화를 볼 수 있어요.

'자기 사랑'이라는 예쁜 꽃말은 가진 수선화와 함께 일 년을 보내보는 건 어떨까요.
내년 이맘때쯤에는 코끝 찡한 수선화의 향기가 한 해 동안 수고했다고,
올해도 예쁜 봄이 왔다고 말해줄 거예요.

꽃꽂이 하기

… 준비물 …

꽃_ 수선화 화분, 아이비 화분
도구_ 화분, 망, 마사토, 흙, 돌, 삽, 데코용품

… How to make …

01 화분의 구멍보다 넓게 망을 잘라주세요.

02 화분 구멍에 잘 맞춰서 놓아주세요.

03 배수가 잘될 수 있도록 마사토를 화분의 5분의 1에서 5분의 2정도로 깔아줍니다.

04 마사토를 평평하게 잘 펴주세요.

05 흙을 마사토 위에 조금만 부어주세요.

06 이때도 흙을 평평하게 잘 펴주세요.

07 포트에 있는 수선화를 화분으로 옮겨줍니다. 옮기는 방법은 한손으로 포트 아래쪽을 가볍게 살짝 눌러주고, 다른 한손으로 수선화의 아래 줄기 부분을 잡아서 위로 당겨주세요.

08 포트에서 빼낸 수선화를 화분에 옮겨주세요.

09 같은 방법으로 준비한 수선화를 옮겨주세요
(화분의 크기에 맞게 수선화를 옮겨주세요).

10 아이비도 수선화와 같은 방법으로 한손은 포트 아래쪽을 살포시 누르고, 다른 한손으로 아이비의 아래쪽을 잡고 위로 당겨줍니다.

11 포트로부터 분리해줍니다.

12 아이비는 수선화의 앞쪽 가장자리에 자리를 잡아줍니다.

13 비어 있는 공간에 흙으로 메꾸어줍니다.

14 수선화의 뿌리가 흙 밖으로 나와 있는 건 좋지 않아요. 흙 위로 올라오지 않도록 유의해 주세요.

15 손가락으로 꾹꾹 눌러주면 흙이 조금씩 더 들어갈 수 있어요. 물을 주고 나면 흙이 가라앉을 수 있으니, 손가락으로 꾹꾹 눌러주는 과정이 필요해요.

16 앞쪽에 데코용으로 준비한 돌과 다른 장식들을 깔아주세요.

17 완성입니다.

- 서늘한 곳에서도 잘 자라는 수선화예요. 햇빛이 드는 곳이면 예쁘게 꽃을 피웁니다.

  집안 환경마다 다르겠지만, 저는 서늘한 곳에 두고 물은 5일에 한 번씩 주고 있어요.

  집안에 난방을 한다면 이보다는 물을 더 자주 주어야 하니, 환경마다 물주기를 다르게 하면 됩니다.

수선화는 지조를 지키고, 신선처럼 살기를 원하는 선비들의 바람이 담긴 선비화입니다.
그래서 옛날 선비들은 수선화를 소장하고 키우며 즐겨 바라보았다고 해요.
선비들의 이런 고상하고 사치스러운 취향을 반영한 꽃인 수선화는
거의 모든 책거리에 빠짐없이 등장하는 소재입니다.

책이 중심이 되었던 초기의 책가도와는 달리,
상류층 사대부들이 선호했던 청나라의 값비싼 장식품들로 채워지는
조선 후기 책거리는 당시 사대부들의 취미나 취향을 엿볼 수 있습니다.
책거리에 그려졌던 기물들은 조선 후기 상류층들이 소장했던 유물들로,
수선화와 함께 평안을 의미하는 화병, 선비정신을 상징하는 문방사우,
최고의 관직을 의미하는 공작 깃털 등을 많이 볼 수 있습니다.

상류층에서 시작된 책거리 그림은 점차 경제적으로 안정되어가는 수 · 상공업자,
농민의 집안을 장식하는 그림으로 인기를 얻게 되면서 값비싼 기물들은
모란이나 석류 같은 행복을 기원하는 꽃과 과일 등으로,
또 중국 것에서 우리의 것으로 대체되며 다양하게 발전했습니다.

… 준비물 …

이합장지가 배접&반수된 동양화 화판(26×35cm),
연필, 볼펜, 물통, 물감 접시, 민화붓 2필, 세필붓 1필

필요한 물감색_ 호분, 황, 황토, 홍매,
맹황, 백록, 군청, 수감

… How to draw …

01 먹지 작업이 완성된 도안을 장지 위에 잘 맞춰 올려주세요. 그리고 힘을 주면서 볼펜으로 꼼꼼히 따라 그려 스케치가 잘 배겨날 수 있게 해주세요.

02 황토색과 백록색을 섞어 화피에 외곽선을 그려주세요.

- 물을 많이 섞어 흐리게 그려주세요.

03 황토색, 맹황색, 백록색을 섞어 줄기와 연한 잎을 꼼꼼히 채색해주세요.

04 맹황색, 군청색, 수감색을 섞어 진한 잎도 꼼꼼히 채색해주세요.

05 황토색과 맹황색을 섞어 꽃포도 채색해주세요.

06 황토색과 백록색을 섞어 수선화 각 화피의 5분의 2 부분씩을 채색하고, 물붓을 이용하여 바깥쪽에서 안쪽으로 점점 엷게 풀어주는 바림 과정으로 채색해주세요.

07 6번 과정과 같은 색으로 꽃봉오리도 각 5분의 2 부분씩을 채색하고, 물붓을 이용하여 점점 엷게 풀어주는 바림 과정으로 채색해주세요.

• 바림의 방향은 이미지(55쪽)를 참고해주세요.

08 6~7번 과정의 물감이 완전히 마르면 호분색으로 거꾸로 바림을 넣어 중간에서 자연스럽게 만나도록 풀어주세요.

- 호분색은 종이에 제일 잘 스며드는 색이므로 농도를 짙게 하여 채색해주세요.

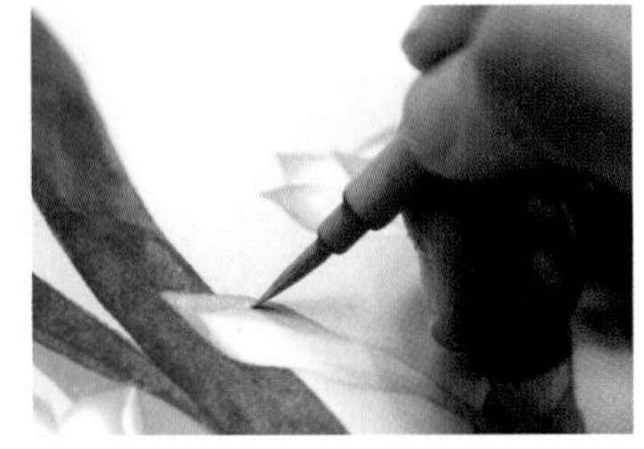

09 황토색과 백록색을 섞어 6~7번 과정에서 바림 채색했던 화피와 꽃봉오리 위로 다시 한번 바림 채색하여 선명하게 그려주세요.

- 6~7번의 과정보다 면적을 더 좁게 채색해주세요.

10 수선화 꽃의 부드러운 바림이 완성되었습니다.

11 호분색, 황토색, 홍매색을 섞어 5번 과정에서 채색했던 포 부분에도 바림 과정으로 채색해주세요.

- 바림 방향은 이미지(55쪽)를 참고해주세요.

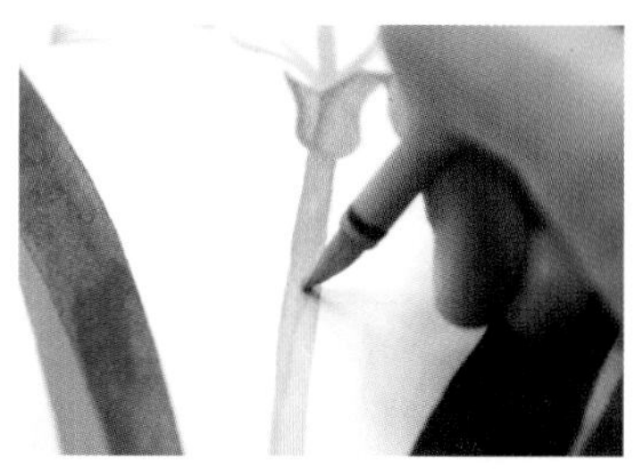

12 3번 과정의 색에 수감색을 좀 더 섞은 진한 색으로 줄기와 연한 잎 부분을 위쪽에서 아래쪽으로 점점 엷게 풀어주는 바림 과정으로 채색해주세요.

- 이미지(55쪽)를 참고하여 면적을 기울여서 채색하면 좀 더 자연스러운 분위기를 연출할 수 있어요.

13 4번 과정의 색에 수감색을 좀 더 섞은 진한 색으로 진한 잎도 위쪽에서 아래쪽으로 점점 엷게 풀어주는 바림 과정으로 채색해주세요.

14 맹황색으로 꽃포에 선묘를 그려주세요.

- 선묘의 모양은 이미지(55쪽)를 참고해주세요.

15 각 이파리의 바림 색보다 수감색을 좀 더 섞은 진한 색으로 잎맥을 촘촘히 그려주세요.

- 이미지(55쪽)를 참고하여 촘촘히 그려주세요.

16 황색과 황토색을 섞어 부화관을 꼼꼼히 채색해주세요.

17 황토색으로 부화관의 윗면을 아래쪽에서 위쪽으로 바림 채색해주세요.

18 수선화 그림이 완성되었습니다.

chapter 03

March
Plum

3월

추위에도 아랑곳하지 않고 피는 매화

꽃꽂이 클래스

매화는 추운 겨울을 보내고 나야 비로소 맑은 향이 난다고 해요.[3]
마치 우리에게 '사람은 시련이 지나야 더 단단하고 더 성숙한 사람이 된다'고 말하는 것 같아요.
그래서인지 눈이 완전히 녹지 않은 2월부터 꽃이 피기 시작하는 매화를 보면
예쁘고 여린 자태와는 달리 강인함이 느껴져요.

매화는 하얀 꽃을 피우는 백매화, 붉은 꽃을 가진 홍매화 그리고 하얀 꽃에
분홍 곤지를 찍은 듯한 꽃인 연지매 이외에도 열매가 서로 붙어 나는 원낭매까지
꽃의 생김새, 줄기 색깔 등 여러 기준에 따라 194종의 매화가 있다고 해요.[4]
이렇게 매화는 다채롭고 다양한 모습을 갖고 있어서 꽃을 좋아하는 분들이라면
더욱 즐겁게 감상할 수 있습니다.

그중에서도 붉은 꽃을 피우는 홍매화로 화병꽂이를 할 것입니다.
화병은 입구가 좁은 것을 선택하는 것이 좋아요.
그리드 기법으로 화병에 격자 모양으로 테이핑을 한 후
꽃을 꽂는 기법을 사용할 것이기 때문에,
입구가 작은 화병일수록 쉽게 화병꽂이를 할 수 있어요.
그럼 이제 강한 추위를 이겨낸 후
아름다운 꽃을 피워내는 매화의 향기와 정신을 감상해볼까요?

- 3 한국직업방송, "일과 사람- 매화 향기에 취하다 안형재 원장"
- 4 위와 동일

… 준비물 …

꽃_ 매화, 호접, 레몬 잎
도구_ 화병, 꽃가위, 테이프

… How to make …

01 화병에 스카치테이프를 붙여주세요. 사진처럼 중간 부분을 붙여주세요.

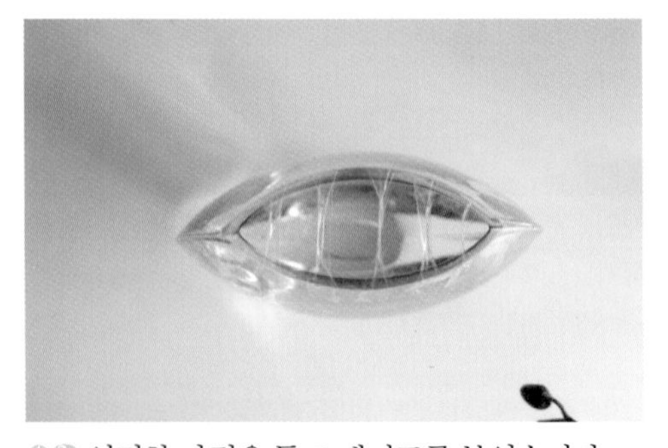

02 일정한 가격을 두고 테이프를 붙였습니다.

- 화병의 크기에 따라 더 촘촘하게 붙여줘도 좋습니다.

03 매화 줄기를 사선으로 잘라주세요.

04 줄기에 작은 잎이 있다면 떼어주세요. 물에 잎이 담기면 물이 쉽게 오염됩니다.

05 테이프에 기대듯이 매화를 넣어주세요.

06 두 번째 가지도 똑같이 줄기 끝은 사선으로 잘라주세요.

07 첫 번째와 똑같이 화병에 꽂아주세요. 여러 대의 매화를 화병에 꽂아주면 됩니다.

08 레몬 잎 줄기를 사선으로 잘라 매화와 반대방향으로 넣어주세요.

09 여러 대의 레몬 잎을 넣어주세요.

10 여기서는 3~4대의 레몬 잎을 넣었는데, 화병의 크기와 입구 넓이에 따라 들어가는 수가 달라질 수 있으니 참고해주세요.

11 호접의 줄기를 사선으로 잘라주세요.

12 레몬 잎 위로 호접을 넣어주세요.

13 여기서는 호접을 3대 정도 넣었어요.

14 마지막으로 호접으로 라인을 살려 길게 꽂아주세요.

15 완성입니다.

흰 눈이 내릴 때에도 맑은 향기를 풍기는 매화는
추운 겨울이 지났음을 알려주는 봄의 전령사이자,
매서운 추위에도 굴하지 않는 고결한 기품을 가진 선비의 이상을 담은 꽃입니다.
또 곧게 뻗은 가지의 모양은 선비의 절개를 뜻하기도 했죠.
그래서 선비들은 매화를 가까이하며 그 정신을 음미했다고 했어요.

이맘때쯤이면 옛 선비들은 도(道)를 구하는 것처럼 경건하게 눈 속에 핀 매화를 찾아다니며
불의와 타협하지 않고, 매화처럼 자신의 향기를 발하는 존재가 되기 위해
조용한 꽃놀이의 시간을 가졌다고 해요. 이를 통해 선조들은 꽃을 단순한 향과
빛깔로서가 아니라 의미를 부여하며 사랑했다는 것을 알 수 있습니다.

그래서인지 선비들이 사랑했던 그림인 책가도에서도 매화 그림을 종종 볼 수 있어요.
때로는 매화 가지에 달이 걸려 있는 그림도 볼 수 있습니다.
이런 그림은 눈썹이 하얗게 새도록 늙어서도 즐거움을 누리라는 뜻[5]이라고 해요.
또한 매화는 기쁜 소식을 전해준다는 까치와 함께 그려 고난과 시련을 이기고
기쁨을 전해준다는 희망을 뜻하는 그림으로 그려지기도 했어요.

겨울이 끝나갈 즈음이면, 어디에선가 매화꽃이 움트고 있다는 사실에 따뜻하게 위로받고
마음이 들뜨기도 해요. 그리고 아찔하게 차가운 공기 속에서도 움츠러들지 말고
마음속에 아름다운 꽃을 피워내기를, 씩씩한 기상으로 한 해를 살아가기를 마음먹어봅니다.

5 조용진, 《동양화 읽는 법》, 집문당, 2014 개정판, p.112.

… 준비물 …

이합장지가 배접 & 반수된 동양화 화판(20×40cm),
연필, 볼펜, 물통, 물감 접시, 민화붓 2필, 세필붓 1필

필요한 물감색_ 호분, 황, 황토, 주황,
홍매, 맹황, 백록, 군청, 수감, 대자, 고동, 흑

… How to draw …

01 먹지 작업이 완성된 도안을 장지 위에 잘 맞춰 올려주세요. 그리고 힘을 주면서 볼펜으로 꼼꼼히 따라 그려 스케치가 잘 배겨날 수 있게 해주세요.

02 홍매색으로 매화꽃과 꽃봉오리를, 홍매색과 군청색을 섞어 호접란 꽃과 꽃받침의 외곽선을 그려주세요.

• 물을 많이 섞어 흐리게 그려주세요.

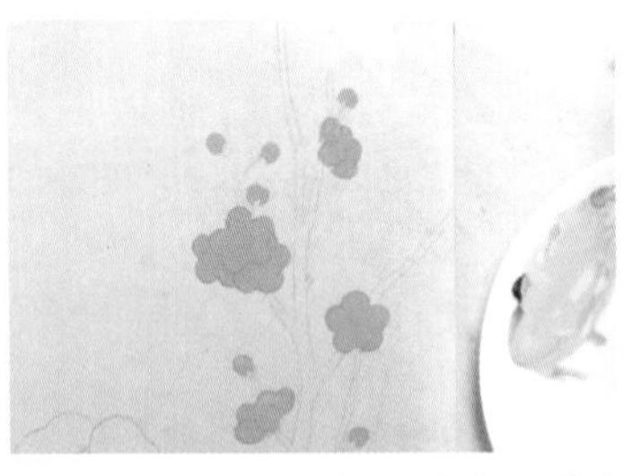

03 호분색, 황토색, 홍매색을 섞어 매화꽃과 봉오리를 꼼꼼히 채색해주세요.

04 호분색, 홍매색, 군청색을 섞어 호접란 꽃잎을 꼼꼼히 채색해 주세요.

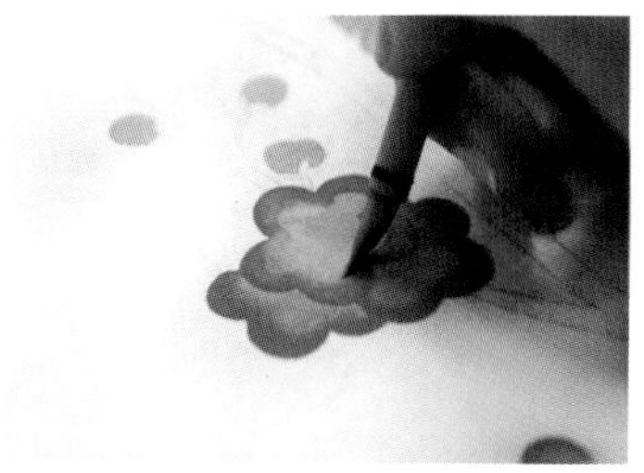

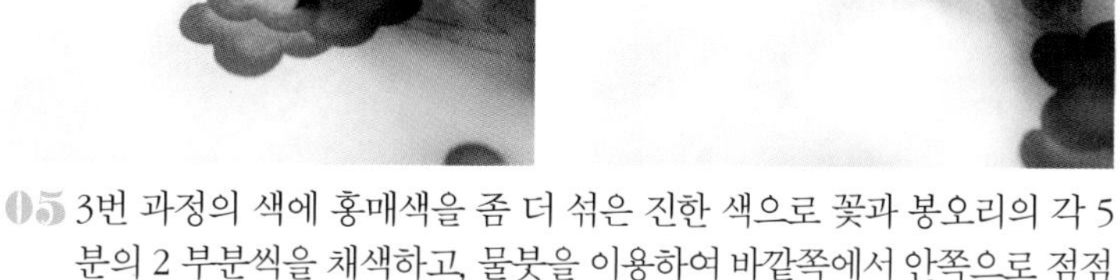

05 3번 과정의 색에 홍매색을 좀 더 섞은 진한 색으로 꽃과 봉오리의 각 5분의 2 부분씩을 채색하고, 물붓을 이용하여 바깥쪽에서 안쪽으로 점점 엷게 풀어주는 바림 과정으로 채색해주세요.

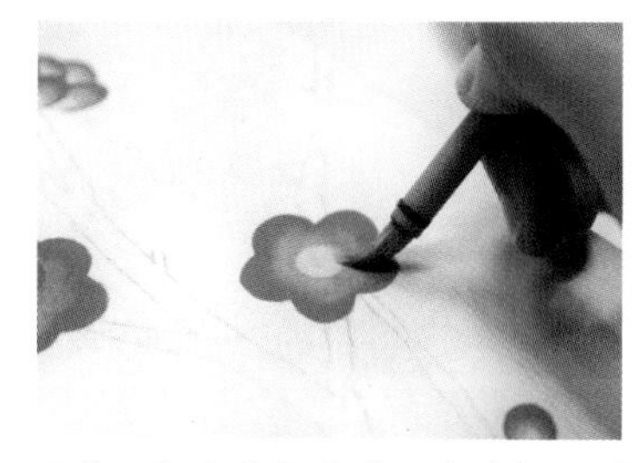

06 3번 과정의 색에 호분색을 좀 더 섞은 밝은 색으로 꽃과 봉오리의 각 5분의 2 부분씩을 채색하고, 물붓을 이용하여 안쪽에서 바깥쪽으로 점점 엷게 풀어주는 바림 과정으로 채색해주세요.

• 이미지(71쪽)를 참고하여 동그란 모양으로 채색하고 풀어주면 더 부드러운 느낌을 줄 수 있어요.

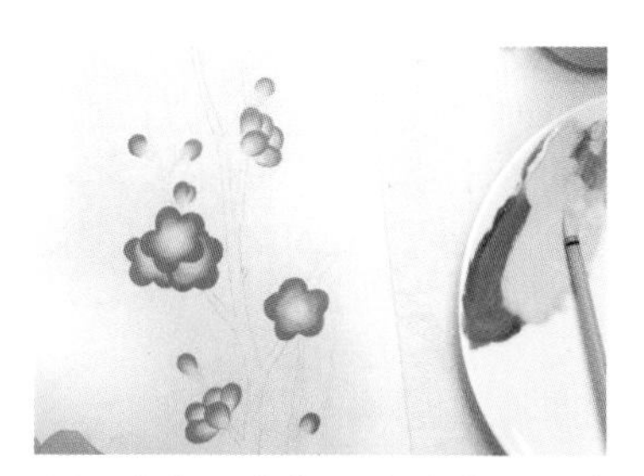

07 매화꽃 바림 중간 과정 모습입니다.

08 홍매색으로 5번 과정에서 바림 채색했던 꽃잎 위로 다시 한번 바림 채색하여 선명하게 그려주세요.

• 5번의 과정보다 면적을 좁게 채색해주세요.

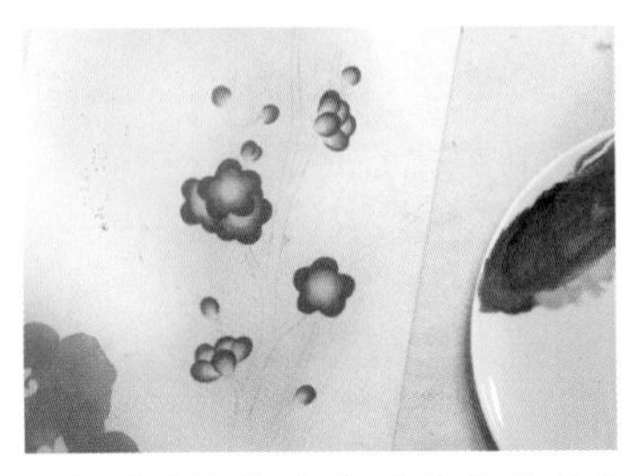

09 매화꽃의 바림 채색이 완성되었습니다.

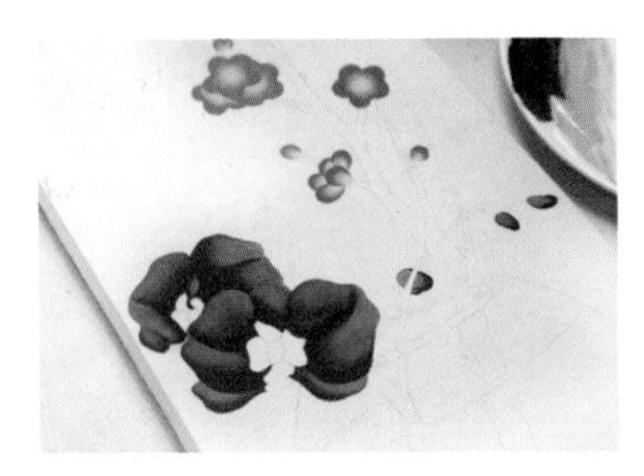

10 홍매색, 군청색, 수감색을 섞어 호접란 꽃과 꽃받침을 주름을 따라 안쪽에서 바깥쪽으로, 봉우리는 끝쪽에서 안쪽으로 점점 엷게 풀어주는 바림 과정으로 채색해주세요.

11 10번 과정의 물감이 완전히 마르면 호분색, 홍매색, 군청색을 섞어 거꾸로 바림을 넣어 중간에서 자연스럽게 만나도록 풀어주세요.

12 호접란 꽃과 꽃받침의 바림 채색이 완성되었습니다.

13 홍매색과 대자색을 섞어 호접란의 설판을 바림 채색해주세요.

• 바림의 방향은 이미지(71쪽)를 참고해주세요.

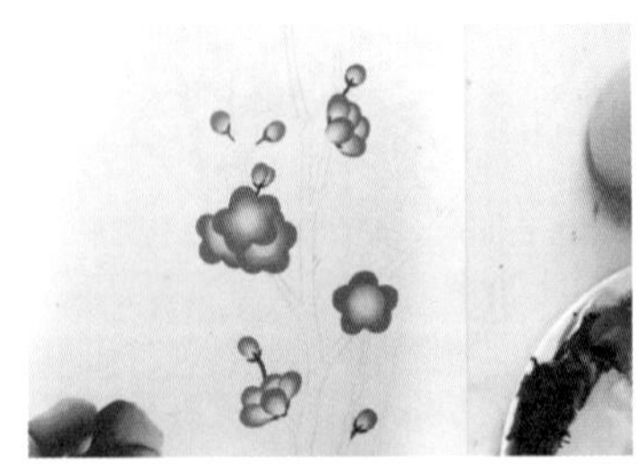

14 13번 과정과 같은 색으로 매화 꽃받침을 꼼꼼히 채색해주세요.

15 11번 과정과 같은 색으로 호접란의 설판 부분도 거꾸로 바림을 넣어 중간에서 자연스럽게 만나도록 풀어주세요.

16 황색과 황토색을 섞어 호접란의 암술을 꼼꼼히 채색해주세요.

17 황토색과 맹황색을 섞어 호접란의 줄기도 꼼꼼히 채색해주세요.

18 황토색, 대자색, 고동색을 섞어 매화 가지를 꼼꼼히 채색해주세요.

19 홍매색과 고동색을 섞어 매화 꽃받침의 각 5분의 2 부분씩을 채색하고, 물붓을 이용하여 끝쪽에서 안쪽으로 점점 엷게 풀어주는 바림 과정으로 채색해주세요.

20 대자색, 고동색, 수감색을 섞어 매화가지도 바림 채색해주세요.

• 바림의 방향은 이미지(71쪽)를 참고해주세요.

21 20번 과정의 색보다 수감색을 좀 더 섞은 진한 색으로 옹이와 나뭇결을 묘사해주고, 가지의 아랫면을 바림 채색해주세요.

22 황토색, 맹황색, 대자색을 섞어 호접란 줄기도 바림 채색해주세요.

- 바림의 방향은 이미지(71쪽)를 참고해주세요.

23 호분색, 백록색, 수감색을 섞어 유리 화병의 윗면을 꼼꼼히 채색해주세요.

24 호분색, 백록색, 흑색을 섞어 화병 안의 물을 바림 채색해주세요.

- 바림의 방향은 이미지(71쪽)를 참고해주세요.
- 흑색은 아주 조금만 섞어주세요.

25 호분색, 백록색, 수감색, 흑색을 섞어 다시 한번 바림 채색하고, 물의 파장을 묘사해 자연스럽게 물을 표현해주세요.

- 물을 자연스럽게 표현하기 위해 한 번에 진하게 채색하지 않고 연하게 2~3번 반복하여 채색해주세요.
- 24번의 과정보다 면적을 더 좁게 채색해주세요.

26 23번 과정의 색에 흑색을 좀 더 섞은 진한 색으로 화병 윗면을 아래쪽에서 위쪽으로 점점 엷게 풀어주는 바림 과정으로 채색해주세요.

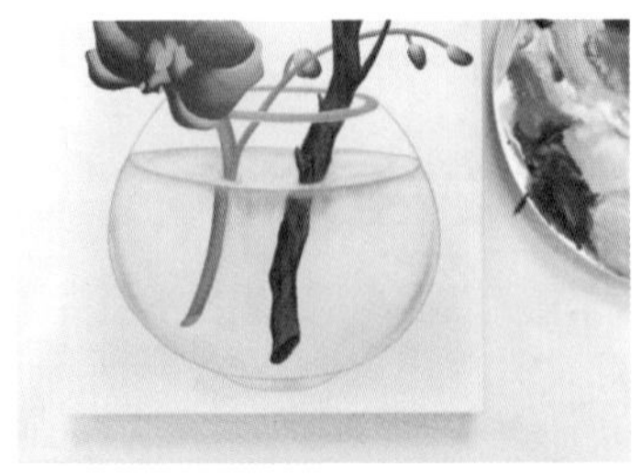

27 호분색과 흑색을 섞어 유리 화병의 외곽선을 그려주세요.

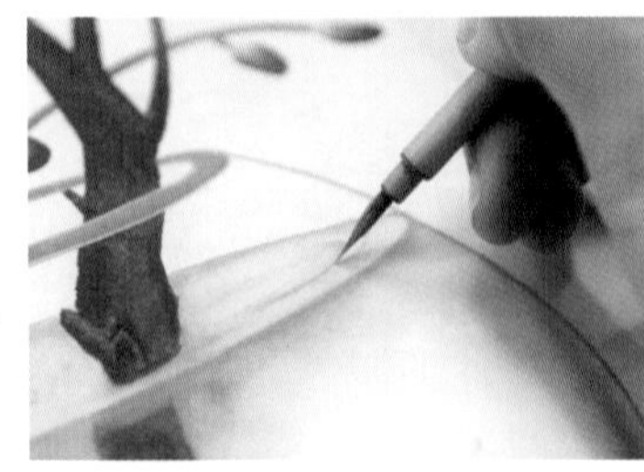

28 백록색과 수감색을 섞어 물의 파장을 따라 선묘를 그려주세요.

29 호분색과 백록색을 섞어 매화 가지의 이끼를 동그란 점묘로 그려주세요.

- 이끼의 위치는 이미지(71쪽)를 참고해주세요.

30 대자색, 고동색, 수감색을 섞어 이끼의 외곽선을 그려주세요.

31 호분색으로 매화꽃의 꽃술을 그려주세요.

32 홍매색과 군청색을 섞어 호접란 꽃잎과 꽃받침의 선묘를 그려주세요.

- 선묘의 모양은 이미지(71쪽)를 참고해주세요.

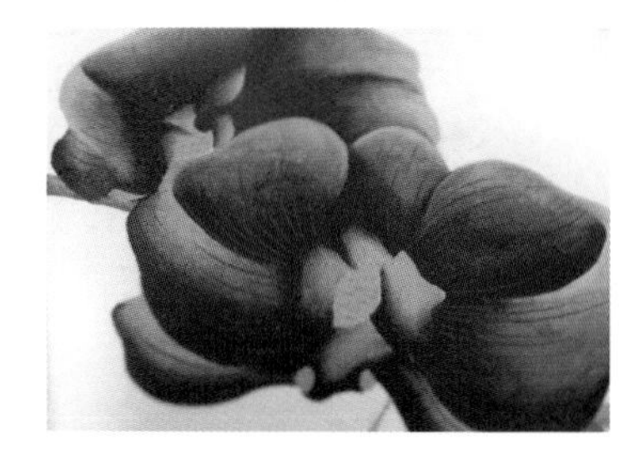

33 황토색과 주황색을 섞어 호접란 암술의 무늬를 그려주세요.

34 홍매색, 군청색, 수감색을 섞어 호접란 설판과 암술의 무늬를 다시 한번 묘사해주세요.

chapter 04

April
Cherry Blossom

4월

하늘 가득 흐드러진 벚꽃

벚꽃이 피기 시작하면 봄이 우리 곁에 다가와 있음을 느끼게 됩니다.
하지만 흐드러지게 피었다가 빨리 져버리는 벚꽃을 보면 아쉬운 마음이 크죠.
그래서 오랫동안 벚꽃을 감상할 수 있는 방법을 알려드리려고 해요.
벚꽃은 화병에 꽂아두어도 잘 피는 꽃이기에 몽우리 진 벚꽃을 구매해서
꽃가위로 목질 줄기 끝을 몇 센티미터 정도 수직으로 자른 뒤,
바로 시원한 물에 꽂아주면 오랫동안 벚꽃을 감상할 수 있어요.

벚꽃은 한 가지에 여러 개의 꽃이 피어서 멀리서 보면 길다린 솜사탕 같은 느낌을 주는 꽃이에요.
그래서 벚꽃을 장식할 때에는 벚꽃과 대조되는 한 줄기에 큰 꽃이 하나 피는 꽃,
예를 들면 라넌큘러스와 히야신스 같은 꽃을 함께 꽂아주면 좋아요.
그리고 그린 소재를 선택할 때에는 화기에 침봉을 가리기에 좋도록 잎이 넓은 소재를 선택해주세요.
이러한 꽃과 그린 소재는 벚꽃의 아름다운 가지의 선과 꽃을 더욱 돋보이게 합니다.

벚나무 중에서 꽃이 가장 화려한 '왕벚나무'는 일본이 아닌 우리나라가 자생지인 벚나무예요.
제주도가 자생지로, 현재 한라산에 많은 왕벚나무가 서식하고 있어요.
이 무렵 제주도에선 왕벚꽃 축제가 열리죠.
제주도 전농로와 애월 장전리 그리고 제주대학교 진입로에서는
꽃망울이 크고 예쁜 왕벚꽃나무를 마음껏 감상할 수 있어요.
4월의 꽃인 벚꽃을 제주도에서도, 그리고 집안에서도 즐겨보세요.

… 준비물 …

꽃_ 벚꽃, 히야신스, 라넌큘러스, 헬레보루스, 코아니(없어도 괜찮아요.) 서귀목
도구_ 침봉, 플로랄폼 Fix, 화병

… How to make …

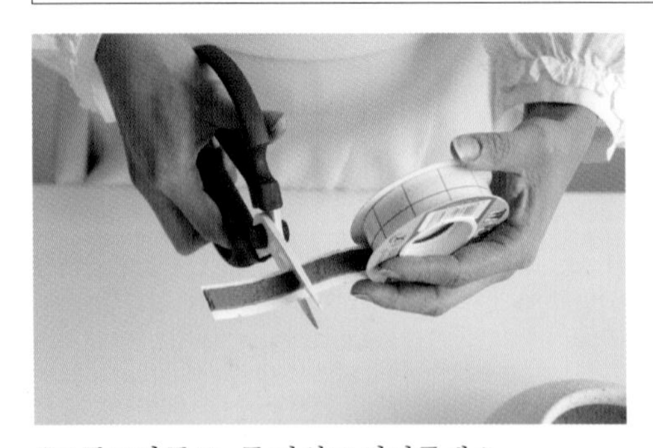

01 플로랄폼 Fix를 가위로 잘라주세요.

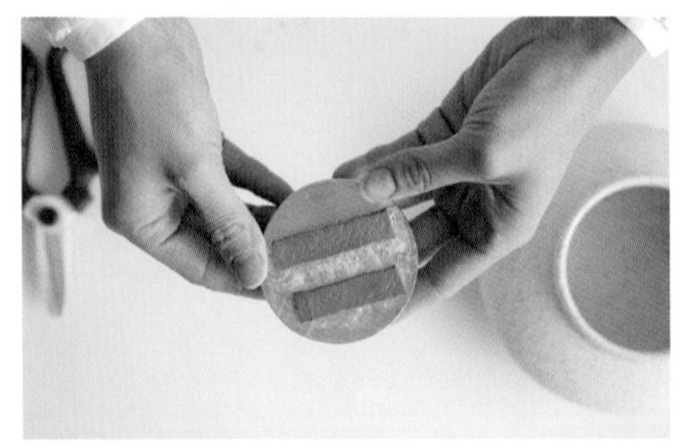

02 침봉 뒤편에 붙여주세요.

03 화병 바닥에 꼭 붙여주세요(손으로 침봉을 누르면 다칠 수 있으니 조심하세요).

04 화병 안에 물을 채워 넣어주세요.

05 벚꽃 가지를 잘라주세요.

06 침봉에 꽂아주세요(처음에 꽂을 때 잘 안 들어갈 수 있으니 힘을 줘서 꽂아주세요).

07 두 번째 벚꽃 가지는 첫 번째보다는 조금 더 짧게 잘라 앞쪽으로 꽂아주세요.

08 다른 벚꽃 가지를 잘라 반대방향에도 꽂아주세요.

09 길이에 맞춰 자른 서귀목 잎을 화병 아래쪽으로 꽂아주세요.

10 아래쪽에 침봉이 보이지 않도록 서귀목을 2~3대 정도 꽂아주세요.

11 라넌큘러스 두 송이를 벚꽃이 없는 방향으로 높고 낮게 꽂아주세요.

12 히야신스도 줄기를 잘라주세요.

13 라넌큘러스의 빈 공간에 히야신스를 꽂아줍니다.

14 두 번째 히야신스도 잘라서 뒤편에 보이도록 꽂아줍니다.

15 헬레보루스의 줄기도 사선으로 잘라주세요.

16 헬레보루스를 벚꽃들 사이 공간이 비어 있는 곳에 꽂아줍니다.

17 반대방향에도 헬레보루스를 꽂아줍니다.

18 벚꽃들 사이에 코아니 두 송이 정도 꽂아줍니다(준비가 안 되었다면 생략해도 좋습니다).

19 완성입니다.

봄이 되면 벚꽃놀이를 생각하지 않을 수 없지요!
따뜻한 날씨와 만개한 꽃을 바라보면 마음이 설레고 몸이 들썩이게 되는 건
조선시대 문인들도 마찬가지였나 봅니다.
선조들의 꽃놀이 기록은 그림으로, 또 글로도 쉽게 찾아볼 수 있어요.

기록을 찾아보며 흥미로웠던 점은 조선시대에 문인들은 꽃이 주는 향기뿐만 아니라,
꽃의 기운과 빛, 바람, 풍광까지 두루 즐기는 섬세한 감성의 소유자들이었다는 것이에요.[6]
들쑥날쑥 줄지어 가기도 하고, 서로 돌아보며 한 무리가 되어 다니지만,
절대 꽃을 꺾지 않는 멋스럽고 예스러운 규약이 있었다는 것이에요.
오늘날 우리에게도 시사하는 바가 있는 규약들인 것 같아요.

살구꽃이나 복숭아꽃을 즐기는 봄의 꽃놀이가 가장 성대했지만,
계절에 맞게 여름에는 삼복더위를 피해 연꽃을, 가을에는 밝은 달빛 아래서 국화를,
초봄에는 흰눈 속에 핀 매화를 즐겼다고 하니
어쩌면 선조들이 지금의 우리보다 풍성하게 꽃놀이를 즐겼던 것 같아요.
자연을 거닐고 즐기는 여유와 감성 그리고 마음의 평화가 깃드는 시간이
우리에게도 스미기를 그림을 그리며 바라봅니다.

6 국립민속박물관 웹진, "조선시대 꽃놀이는 어떤 모습이었을까?", 이제이, 2017. 04. 11.

… 준비물 …

이합장지가 배접 & 반수된 동양화 화판(22×22cm),
연필, 볼펜, 물통, 물감 접시, 민화붓 2필, 세필붓 1필

필요한 물감색_ 호분, 황, 황토, 홍매,
맹황, 백록, 수감, 대자, 고동

… How to draw …

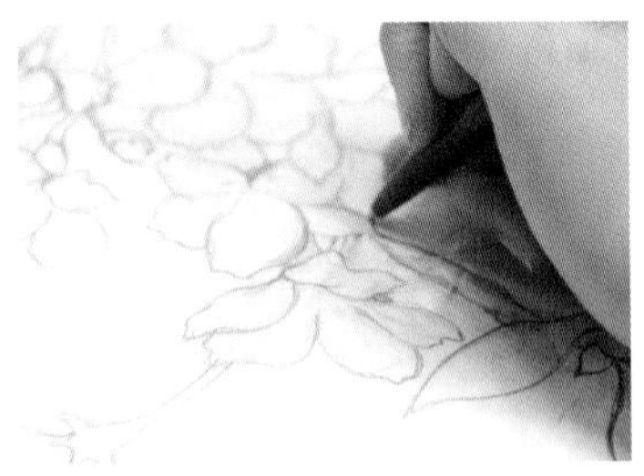

01 먹지 작업이 완성된 도안을 장지 위에 잘 맞춰 올려주세요. 그리고 힘을 주면서 볼펜으로 꼼꼼히 따라 그려 스케치가 잘 배겨날 수 있게 해주세요.

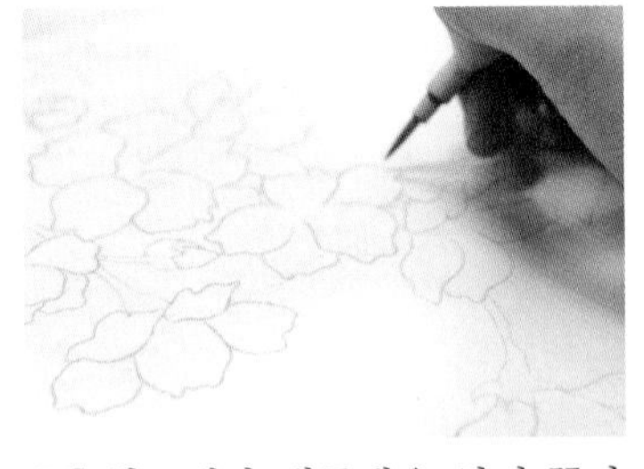

02 황토색과 백록색을 섞어 꽃과 꽃봉오리에 외곽선을 그려주세요.

• 물을 많이 섞어 흐리게 그려주세요.

03 황토색과 맹황색을 섞어 이파리와 꽃받침, 줄기를 꼼꼼히 채색해주세요.

04 호분색, 황토색, 백록색을 섞어 꽃잎, 각 잎의 5분의 1 부분씩을 채색합니다. 그리고 물붓을 이용하여 안쪽에서 바깥쪽으로 점점 엷게 풀어주는 바림 과정으로 채색하세요.

05 바림의 중간 과정 모습입니다.

06 4번 과정의 물감이 완전히 마르면 호분색으로 거꾸로 바림을 넣어 중간에서 자연스럽게 만나도록 풀어주세요.

- 호분색은 종이에 제일 잘 스며드는 색이므로 농도를 짙게 채색해주세요.
- 호분의 면적을 넓게 칠할수록 뽀얀 벚꽃의 느낌을 잘 연출할 수 있습니다. 꽃잎의 5분의 4 부분씩 채색하고 바림해주세요.

07 바림의 중간 과정 모습입니다.

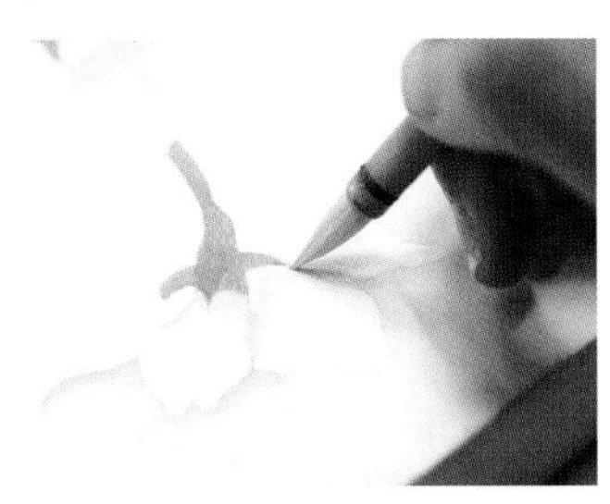

08 황토색과 백록색을 섞어 4번 과정에서 바림 채색했던 꽃잎 부분 위로 다시 한번 바림 채색하여 선명하게 그려주세요.

- 4번의 과정보다 면적을 더 좁게 채색해주세요.

09 황토색, 맹황색, 백록색을 섞어 꽃받침 끝 쪽에서 안쪽으로 점점 옅게 풀어주는 바림 과정으로 채색하세요.

- 줄기까지 자연스럽게 이어지도록 풀어주세요.

10 9번 과정과 같은 색으로 이파리 부분을 바깥쪽에서 안쪽으로 점점 옅게 풀어주는 바림 과정으로 채색하세요.

11 황토색, 대자색, 고동색을 섞어 벚꽃나무 가지를 꼼꼼히 채색해주세요.

12 대자색, 고동색, 수감색을 섞어 나뭇가지의 양쪽으로 모양을 잡아 채색하고 물붓으로 경계만 살짝 풀어주세요.

- 채색의 모양은 이미지(87쪽)를 참고해주세요.
- 나무의 울퉁불퉁한 느낌을 묘사하는 것으로, 너무 부드럽게 바림 채색하지 않아도 괜찮아요. 선묘가 약간 살아 있도록 채색해주세요.

13 호분색과 홍매색을 섞어 줄기에 거꾸로 바림을 넣어 중간에서 자연스럽게 만나도록 풀어주세요.

14 황토색, 맹황색, 수감색을 섞어 이파리의 잎맥을 그어주세요.

15 호분색으로 꽃술을 그려주세요.

16 호분색, 황색, 황토색을 섞은 색으로 한 번, 호분색, 홍매색을 섞은 색으로 또 다시 한번 꽃술을 그려주세요.

• 촘촘하고 풍성하게 그려주세요.

chapter 05

May
Peony

5월

5월에 피는 수줍은 꽃, 작약

'봄꽃 중에 작약만 한 꽃이 없다'[7]라고 말할 정도로 작약은 매력적인 꽃이에요.
'수줍음'이라는 꽃말을 가진 작약은 화려한 만큼 향도 좋아
5월의 신부들이 부케에 가장 많이 선택하는 꽃이기도 해요.
작약으로 부케를 만들 때는 드레스의 디자인이 화려하다면 화형이 좀 더 큰 꽃을 선택하고,
드레스의 디자인이 깔끔하다면 화형이 깔끔한 꽃이 좋아요.
드레스의 컬러에 맞게 꽃도 비슷한 컬러를 선택하는 것이 좋아요.
또한 체격이 큰 신부라면 화형이 긴 꽃으로, 아담한 체형의 신부라면 작은 꽃을 선택하면
자신에게 맞는 부케를 찾을 수 있어요. 작약은 드레스와 체격에 상관없이
어느 누구에게도 잘 어울리는 꽃이어서 모든 신부에게 사랑받는 꽃이에요.
이런 작약을 오래 볼 수 있는 방법이 있어요.
첫째, 구매 단계에서 몽우리 진 작약을 선택합니다.
하지만 너무 땅땅하게 오므라진 작약은 꽃이 피지 않고 그대로 말라버리는 경우가 있어요.
그러므로 화형이 살짝 보이는 작약을 구매하는 게 좋아요.
둘째, 열처리를 하는 방법이에요.
뜨거운 물에 작약 줄기 끝부분을 10~20초 정도 담근 후 줄기 끝부분을 사선으로 잘라
차가운 물에 담가두면 작약을 좀 더 오랫동안 볼 수 있습니다.

<작약과 모란의 구분법>

언뜻 꽃만 봐서는 작약과 모란을 구분하기 어려워요. 작약은 초본성이어서 땅에서 줄기가 올라와 꽃이 피고, 잎은 모란보다 조금 더 뾰족한 모양이에요. 이에 반해 모란은 목본성이어서 나무에서 꽃이 열리고, 잎은 작약에 비해 좀 더 둥근 형태의 모양을 지녔어요. 또 모란은 향이 없고, 작약은 향기가 난다는 특징도 있어요. 그러므로 어디에서 꽃이 피었는지, 그리고 향기의 유무로 작약과 모란을 구분할 수 있어요.

• 7 Ebin Benzakein with Julie Chai, *Cut Flower Garden*, CHBONICLE BOOKS, 2017.

… 준비물 …

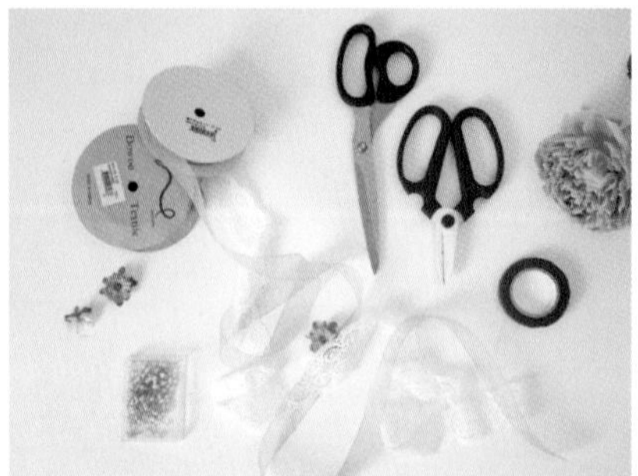

꽃_ 작약, 과꽃, 램스이어, 보리사초
도구_ 생화 가위, 리본 가위, 플로럴 테이프, 리본, 진주핀

… How to make …

01 작약 줄기에 붙어 있는 잎을 아래쪽부터 떼어 주세요.

- 잎을 떼어낼 때 힘을 강하게 줄 경우 부러질 수 있으므로, 다른 한 손으로 줄기 중간을 잡고 떼어내면 됩니다.

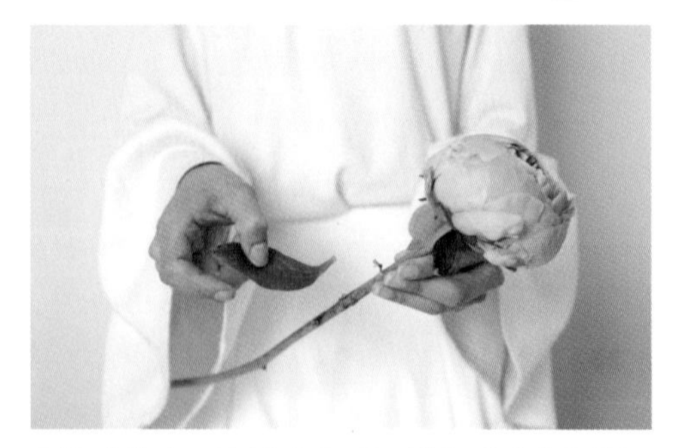

02 작약의 모든 줄기에 있는 잎을 제거해주세요.

03 모든 잎이 제거되었다면 작약 한 송이를 가볍게 잡아주세요.

04 중앙의 작약 꽃을 중심으로 그보다 아래로 다른 작약 한 송이와 곽꽃을 잡아주세요. 이때 곽꽃은 작약보다 살짝 위로 오도록 잡아주세요.

- 작은 화형의 꽃은 큰 화형의 꽃보다 위로 잡아주어야 서로 어울리며 돋보이게 됩니다.

05 반대편에도 중앙에 있는 작약보다 아래쪽으로 작약 한 송이를 잡아주고, 그 옆으로 다른 곽꽃을 잡아주세요(이때도 곽꽃은 작약보다 살짝 높게 잡아주세요).

06 중앙에 있는 작약을 중심으로 둥글게 작약의 높이가 골고루 되도록 잡아주세요.

07 램스이어는 곽꽃이 없는 방향으로 작약보다 살짝 높게 잡아주세요.

08 보리사초는 다른 꽃들보다 제일 위로 산들산들한 느낌을 주도록 잡아주세요.

09 작약 부케가 완성되었습니다.

10 정면에서 찍은 사진이에요. 작약 사이에 과꽃과 램스이어, 보리사초가 보이고 작약은 층층이 잡혀진 모습입니다.

11 바인딩 와이어로 한번 묶어주고, 플로럴 테이프로 대략 5cm 정도 감아주세요.

- 플로럴 테이프를 사용할 때에는 살짝 늘려주면서 감아주면 끈끈한 면적이 넓어져 접착력이 좋아져요.

12 리본을 중간 지점을 잡고 아래로 감아주고, 다시 위로 올라와 2번 매듭을 잡아주세요.

13 매듭지어준 부분을 진주핀으로 고정해주세요.

14 완성입니다.

작약은 모란과 같은 과에 속하는 식물로 꽃의 모습이 서로 비슷하여
우리 그림 속에서는 모두 부귀를 상징합니다.
호화로운 분위기를 느낄 수 있는 모란과 작약은 화훼도 중에서도 단연 돋보이는 소재로,
부귀화라고 일컬어지며 조선 왕실과 서민층에서 두루 사랑받아 그려져 왔어요.
모란 그림은 왕실의 각종 궁중의례에 사용되었기 때문에
그 그림을 그리는 일은 당시 화원들의 중요한 임무이기도 했다고 해요.

또 낭만적이고 행운을 상징하는 꽃으로
조선 후기 민간에서도 널리 사랑받으며 혼례 예복, 병풍 그림으로 사용되었습니다.
이런 이유로 화가들은 꽃송이는 될 수 있는 대로 크고 화려하게,
잎은 화면 가득 차게 그리려고 노력했어요.
그리고 의미적인 측면에서 새나 곤충과 함께 그리기보다
꽃만 그리는 경우를 많이 볼 수 있어요.

… 준비물 …

이합장지가 배접 & 반수된 동양화 화판(26×35cm),
연필, 볼펜, 물통, 물감 접시, 민화붓 2필, 세필붓 1필

필요한 물감색_ 호분, 황토, 홍매,
맹황, 백록, 수감

… How to draw …

01 먹지 작업이 완성된 도안을 장지 위에 잘 맞춰 올려주세요. 그리고 힘을 주면서 볼펜으로 꼼꼼히 따라 그려 스케치가 잘 배겨날 수 있게 해주세요.

02 홍매색으로 꽃과 꽃봉오리에 외곽선을 그려주세요.

- 물을 많이 섞어 흐리게 그려주세요.

03 황토색과 맹황색을 섞어 연한 잎, 줄기, 꽃받침을 꼼꼼히 채색해주세요.

04 황토색, 맹황색, 백록색을 섞어 접힌 잎도 꼼꼼히 채색해주세요.

- 4번 과정에 해당하는 이파리는 이미지(101쪽)를 참고해주세요.

05 이파리 밑색이 완성된 모습입니다.

06 호분색, 홍매색에 황토색을 조금 섞은 분홍색으로 꽃 중심을 꼼꼼히 채색해주세요.

- 황토색은 아주 조금만 섞어주세요.

07 6번 과정과 같은 색으로 가운데 꽃잎, 각 잎마다 5분의 3 부분씩을 채색하고, 물붓을 이용하여 안쪽에서 바깥쪽으로 점점 엷게 풀어주는 바림 과정으로 채색해주세요.

- 7번 과정에서 채색을 진행하는 꽃잎은 이미지(101쪽)를 참고해주세요.

08 6번 과정과 같은 색으로 나머지 꽃잎, 각 잎마다 5분의 1 부분씩을 채색합니다. 그리고 물붓을 이용하여 안쪽에서 바깥쪽으로 점점 엷게 풀어주는 바림 과정으로 채색해주세요.

09 6번 과정과 같은 색으로 꽃봉오리의 가운데 부분은 전체적으로 꼼꼼히 채색하고, 나머지 꽃잎은 바림 과정으로 채색해주세요.

- 봉오리 바림의 방향은 이미지(101쪽)를 참고해주세요.

10 바림 중간 과정의 모습입니다.

11 7번 과정의 물감이 완전히 마르면 호분색으로 거꾸로 바림을 넣어 중간에서 자연스럽게 만나도록 풀어주세요.

- 호분색은 종이에 제일 잘 스며드는 색이므로 농도를 짙게 해서 채색해주세요.

12 8번 과정의 물감이 완전히 마르면 호분색으로 거꾸로 바림을 넣어 중간에서 자연스럽게 만나도록 풀어주세요.

- 11번의 과정보다 호분색의 면적을 훨씬 넓게 채색해주세요.

13 꽃봉오리도 호분색으로 거꾸로 바림을 넣어 중간에서 자연스럽게 만나도록 풀어주세요.

14 홍매색으로 6번 과정에서 초벌 채색했던 꽃 중심 부분의 모양을 따라 위쪽에서 아래쪽으로 점점 엷게 풀어주는 바림 과정으로 채색해주세요.

15 홍매색으로 꽃잎의 접힌 부분도 각 잎의 3분의 1 부분씩을 채색하고, 물붓을 이용하여 꽃잎 쪽에서 접힌 쪽으로 점점 엷게 풀어주는 바림 과정으로 채색해주세요.

16 홍매색으로 7번 과정에서 바림 채색했던 꽃잎 부분 위로 다시 한번 바림 채색하여 선명하게 그려주세요.

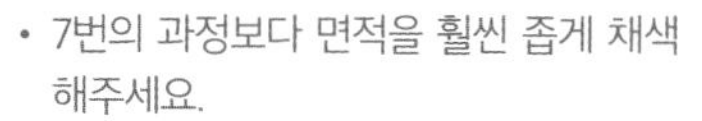

• 7번의 과정보다 면적을 훨씬 좁게 채색해주세요.

17 홍매색으로 8번 과정에서 바림 채색했던 꽃잎 부분 위로 다시 한번 바림 채색하여 선명하게 그려주세요.

• 16번의 과정보다 면적을 더 좁게 채색해주세요.

18 꽃봉오리도 동일하게 바림 과정으로 채색해주세요.

19 15번 과정의 물감이 완전히 마르면 6번 과정과 같은 색으로 거꾸로 바림을 넣어 중간에서 자연스럽게 만나도록 풀어주세요.

20 부드러운 바림이 표현된 꽃잎이 완성되었습니다.

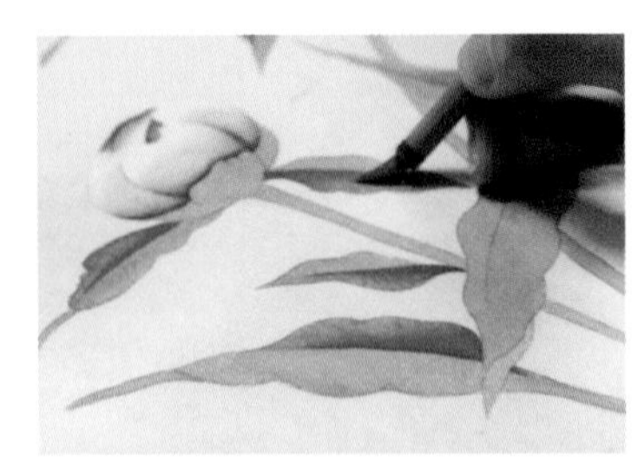

21 3번 과정의 색에 수감색을 좀 더 섞은 진한 색으로 잎맥을 따라 한쪽만 3분의 1 부분씩 채색하고, 안쪽에서 바깥쪽으로 점점 엷게 풀어주는 바림 과정으로 채색해주세요.

22 21번 과정과 같은 색으로 이번에는 대각선 방향으로 바깥쪽에서 안쪽으로 점점 엷게 풀어주는 바림 과정으로 채색해주세요.

- 22번 과정에서 채색을 진행하는 이파리와 방향은 이미지(101쪽)를 참고해주세요.

23 맹황색, 백록색, 수감색을 섞은 색으로 접힌 이파리 부분에 동일하게 바림 과정으로 채색해주세요. 그리고 맹황색과 수감색을 섞은 색으로 아래쪽에 위치한 네 개의 이파리에도 동일하게 바림 과정으로 채색해주세요.

24 맹황색과 수감색을 섞어 꽃받침은 아래쪽에서 위쪽으로 점점 엷게 풀어주는 바림 과정으로 채색해주세요.

25 홍매색으로 4번 과정에서 채색했던 끝 쪽의 접힌 이파리에 각 3분의 1 부분씩을 채색하고, 물붓을 이용하여 바깥쪽에서 안쪽으로 점점 엷게 풀어주는 바림 과정으로 채색해주세요.

26 이파리의 바림이 완성된 모습입니다.

27 3번 과정의 색에 맹황색을 좀 더 섞은 진한 색으로 줄기를 바림 과정으로 채색해주세요.

• 바림의 방향은 이미지(101쪽)를 참고해주세요.

28 맹황색과 수감색을 섞은 색으로 이파리의 잎맥을 그어주세요.

chapter 06

June

Rose

6월

사랑을 말해요, 장미

6월 중순부터 장마가 시작되기 전까지 여름 햇살의 강렬함을 알리듯 장미꽃은 활짝 피어납니다.
장미의 개화 시기는 5월에서 8월이지만, 요즘에는 사계절 내내 장미를 볼 수 있어요.
여름에는 다양한 장미를 만나볼 수 있고, 겨울에는 추위를 이겨낸 만큼
줄기가 단단하고 화형이 큰 장미를 만날 수 있어요.

싱싱한 장미를 고르는 방법은 줄기가 두껍고, 잎이 싱싱하고,
꽃잎 중에 가장자리의 겉잎(떡잎)이 있는 장미가 좋아요.
장미의 겉잎은 꽃을 보호하기 위해 꽃봉오리 때부터 생겨나
시장에 유통되는 모든 장미에 겉잎이 있어요. 겉잎은 꽃이 피는 동안 튼튼하게 꽃잎을 받쳐주어
예쁘게 꽃이 피어나게 하고, 꽃잎이 떨어지는 걸 방지해요.
겉잎은 원래의 장미 색보다 진하거나 잎이 자글거리고 녹색 빛을 더 띠기 때문에
시든 잎이라고 오해하기도 해요. 하지만 시든 꽃잎이 아니랍니다.
이런 겉잎이 있는 장미를 고르면 오랫동안 예쁘게 피어나는 장미를 볼 수 있어요.

장미 화관을 만들 꽃을 선택할 때는 화형이 큰 장미도 좋지만,
한 대에 여러 송이의 장미가 달린 스프레이 장미를 선택하면 부담스럽지 않은
크기로 화관을 만들 수 있어요. 장미는 오랜 작업 시간과 촬영 시간에도
시들지 않고 잘 견뎌주기 때문에 화관을 만들기 좋은 꽃이에요.
또 장미 화관에 스프레이로 물을 뿌려준 후 봉투에 담아 밀봉해두면
하루 정도 더 싱싱한 상태로 사용할 수 있어요.

… 준비물 …

꽃_ 피아노로즈, 섬머파티, 잎안개, 쥐똥나무, 유칼립투스, 아이반호
도구_ 지철사 18호, 꽃가위, 리본, 플로럴 테이프, 바인딩 와이어

… How to make …

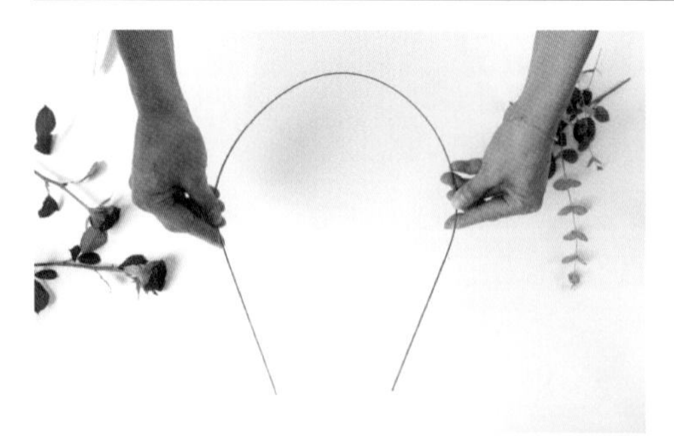

01 18호 지철사를 자신의 머리 둘레에 맞게 구부려주세요.

- 철사로 머리둘레를 재듯이 머리에 대고 살짝 구부려주세요.

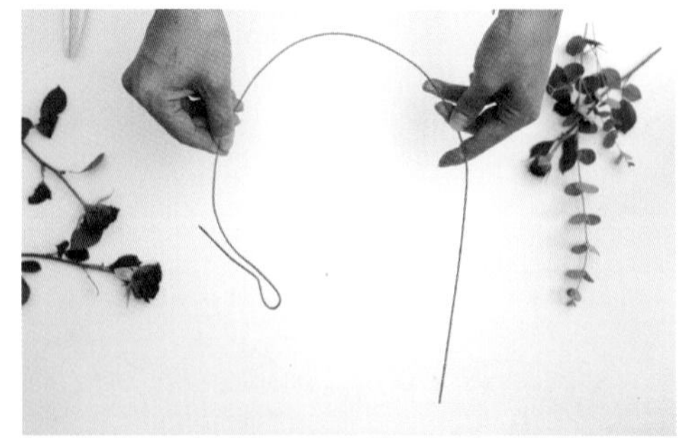

02 왼쪽 끝부분을 사진과 같이 구부려주세요.

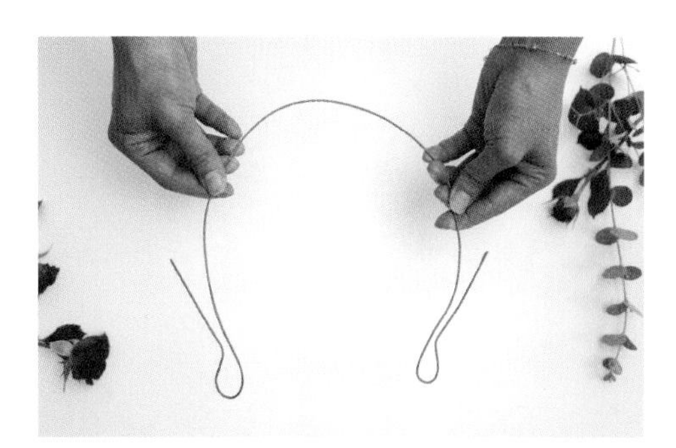

03 반대편도 사진과 같이 구부려주세요.

04 둥그런 구멍 밑부분부터 플로럴 테이프를 살짝 늘리듯이 잡아당기면서 감아주세요.

- 플로럴 테이프를 사용할 땐 살짝 늘려서 감아주면 끈적한 부분이 생겨 접착력이 좋아집니다.

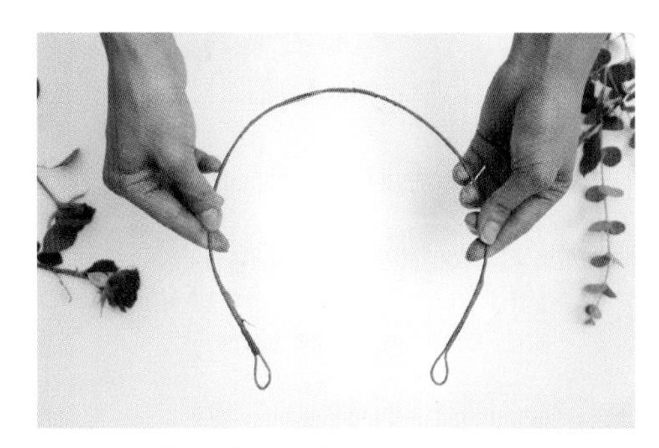

05 플로럴 테이프를 감은 모습이에요.

06 끝쪽 동그란 부분에 리본을 매주세요.

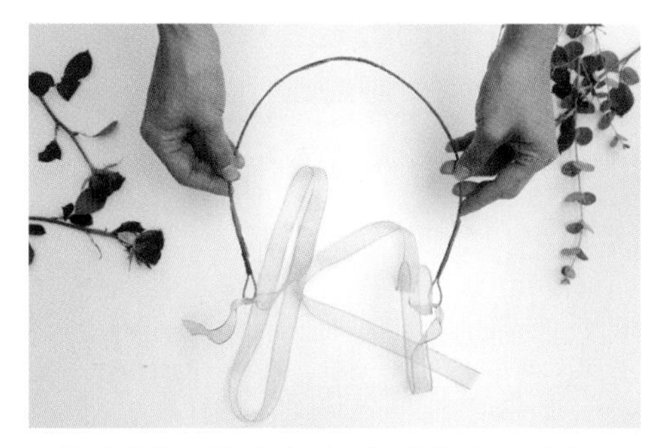

07 반대쪽도 똑같이 리본을 매주세요. 리본으로 화관 둘레를 조정하게 됩니다.

08 피아노로즈와 유칼립투스를 짧게 잘라 바인딩 와이어로 묶어주세요.

- 총 길이는 바인딩 와이어를 묶은 지점에서 2~4cm 정도 남겨놓고 잘라주세요.

09 섬머파티 두 송이와 아이반호를 미니 꽃다발 처럼 바인딩 와이어로 묶어주세요.

10 짧게 자른 유칼립투스 3~4줄기를 미니 다발로 잡고 바인딩 와이어로 묶어주세요.

11 잎안개만 묶어주고, 여러 가지 꽃을 다양하게 섞어서 만들어주세요.

12 여러 개의 작은 미니 다발을 준비해주세요.

13 만들어놓은 미니 다발 전체를 플로럴 테이프로 감아주세요.

- 여기서도 플로럴 테이프를 사용할 땐 당겨 늘려서 감아주세요.

14 만들어놓은 지철사를 중앙에 놓고, 유칼립투스 다발을 눕혀 줄기 전체를 플로럴 테이프로 돌려서 감아줍니다.

- 플로럴 테이프로만 고정시키기 때문에 늘려 감아 단단하게 묶어주세요.

15 쥐똥나무를 묶어준 후 그 뒤 바로 위에 피아노로즈 다발도 묶어줍니다.

• 꽃송이 바로 아래에 다음 꽃을 붙여 플로럴 테이프로 감은 줄기가 보이지 않도록 해줍니다.

16 더 잘 보이도록 화관틀 철사를 세워서 찍은 모습입니다.

17 차근차근 하나씩 미니 꽃다발을 이어붙입니다.

18 중간에 틈틈이 화관을 머리에 대고 거울을 보고 확인하면서 정리해주세요.

19 반대쪽에는 처음 유칼립투스 다발과 마주보도록 놓고, 플로럴 테이프로 감아주세요.

20 반대편도 마찬가지로 미니 다발들을 차근차근 묶어주면 됩니다.

21 화관 틀과 꽃을 밀착시킨 후 그다음 꽃을 촘촘히 묶어줍니다.

22 장미 화관 완성입니다.

장미는 우리 그림 속에서 아름다운 청춘을 오래 누린다는 의미로 그려지는 꽃입니다.
젊음을 상징하는 장미와 부귀를 뜻하는 모란을 함께 그리면
젊음과 부귀를 누리기를 바라는 그림이 됩니다.
그리고 장미와 소나무, 공작새를 함께 그리면 장수하면서도
젊음을 유지하라는 소망의 그림이 됩니다.

또 많은 꽃을 계절에 상관없이 모아 그린 사시군방도에서도 장미꽃을 볼 수 있습니다.
이 그림은 눈에 보이지 않는 향기를 표현하기 위해 그려진 그림으로
일 년 내내 향기를 풍기는 완성된 인격을 갖추기 위해
선비들이 가까이 두고 감상했던 그림이라고 해요.

같은 꽃이라고 해도 문인화에서는 선비가 이상으로 삼아야 할 덕목을,
민화에서는 현실적인 행복을 바라는 마음을 표현하는
우리 그림의 역사가 흥미롭게 다가옵니다.
19세기 무렵, 꽃에 대한 인식이 변화하기 시작하면서
이처럼 더욱 다양하게 꽃 그림을 향유할 수 있게 되었다고 생각하니,
변화는 때로는 아프고 힘들지만 자연스럽고 필요한 것이라는 생각도 들어요.
또 이전의 그림들과 인식을 밀어내지 않고 때로는
한 화면에 다 품어내는 민화를 볼 때면 밝고, 씩씩하고, 아름답게 느껴집니다.

… 준비물 …

이합장지가 배접 & 반수된 동양화 화판(25×25cm),
연필, 볼펜, 물통, 물감 접시, 민화붓 2필, 세필붓 1필

필요한 물감색_ 호분, 황토, 주황, 홍매,
맹황, 백록, 수감, 대자

… How to draw …

01 먹지 작업이 완성된 도안을 장지 위에 잘 맞춰 올려주세요. 그리고 힘을 주면서 볼펜으로 꼼꼼히 따라 그려 스케치가 잘 배겨날 수 있게 해주세요.

02 홍매색과 대자색을 섞어 꽃과 꽃봉오리에 외곽선을 그려주세요.

- 물을 많이 섞어 흐리게 그려주세요.

03 황토색과 맹황색을 섞어 연한 이파리와 줄기, 꽃받침을 꼼꼼히 채색해주세요.

- 3번 과정에서 채색을 진행하는 이파리와 줄기는 이미지(119쪽)를 참고해주세요.

04 황토색, 맹황색, 백록색을 섞어 중간 이파리와 줄기도 꼼꼼히 채색해주세요.

• 4번 과정에서 채색을 진행하는 이파리와 줄기는 이미지(119쪽)를 참고해주세요.

05 맹황색과 수감색을 섞어 진한 이파리를 채색해주세요.

06 주황색과 홍매색을 섞어 장미 꽃잎과 꽃봉오리를 꼼꼼히 채색해주세요.

07 6번 과정과 같은 색으로 이파리와 꽃받침, 꽃자루의 5분의 2 부분씩을 채색해주세요. 그리고 물붓을 이용하여 위쪽에서 아래쪽으로 점점 엷게 풀어주는 바림 과정으로 채색하세요.

• 7번 과정에 해당하는 이파리와 줄기는 이미지(119쪽)를 참고해주세요.

08 홍매색과 대자색을 섞어 장미 꽃잎, 각 잎마다 5분의 3 부분씩을 채색해주세요. 그리고 물붓을 이용하여 안쪽에서 바깥쪽으로 점점 엷게 풀어주는 바림 과정으로 채색하세요.

09 8번 과정과 같은 색으로 가장 큰 꽃봉오리는 아래쪽에서 위쪽으로, 나머지 봉오리들은 위쪽에서 아래쪽으로 점점 엷게 풀어주는 바림 과정으로 채색해주세요.

10 호분색과 홍매색을 섞은 색으로 말린 꽃잎에 바깥쪽에서 안쪽으로 점점 엷게 풀어주는 바림 과정으로 채색해주세요.

11 큰 봉오리는 10번 과정과 같은 색, 같은 방향으로 작은 두 개의 봉오리들은 아래쪽에서 위쪽으로 점점 엷게 풀어주는 바림 과정으로 채색해주세요.

12 바림 중간 과정의 모습입니다.

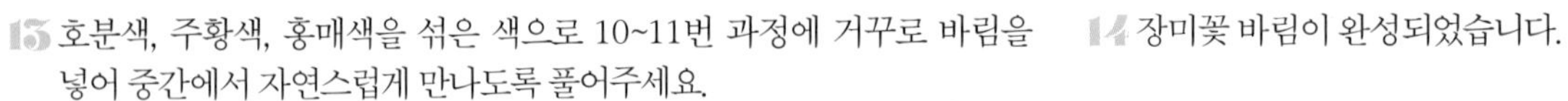

13 호분색, 주황색, 홍매색을 섞은 색으로 10~11번 과정에 거꾸로 바림을 넣어 중간에서 자연스럽게 만나도록 풀어주세요.

14 장미꽃 바림이 완성되었습니다.

15 황토색, 맹황색, 수감색을 섞어 위쪽 8개 이파리의 5분의 2 부분씩을 채색하고, 물붓을 이용하여 안쪽에서 바깥쪽으로 점점 엷게 풀어주는 바림 과정으로 채색해주세요.

• 펼쳐진 4개의 이파리는 가운데 잎맥을 남겨서 채색해주세요.

16 15번 과정과 같은 색으로 꽃받침은 아래쪽에서 위쪽으로 점점 엷게 풀어주는 바림 과정으로 채색해주세요.

17 황토색, 맹황색, 백록색, 수감색을 섞어 중간 이파리와 남은 꽃받침도 5분의 2 부분씩을 채색하고, 물붓을 이용하여 안쪽에서 바깥쪽으로 점점 엷게 풀어주는 바림 과정으로 채색해주세요.

• 펼쳐진 4개의 이파리는 가운데 잎맥을 남겨서 채색해주세요.
• 17번 과정에 해당되는 이파리와 봉우리는 이미지(119쪽)를 참고해주세요.

18 맹황색과 수감색을 섞은 색으로 아래쪽 2개의 이파리도 가운데 잎맥을 남겨가며 2분의 1 부분씩을 채색합니다. 그리고 물붓을 이용하여 안쪽에서 바깥쪽으로 점점 엷게 풀어주는 바림 과정으로 채색해주세요.

• 18번 과정에 해당되는 이파리는 이미지(119쪽)를 참고해주세요.

19 18번 과정의 색에 수감색을 좀 더 섞은 진한 색으로 남은 3개의 이파리도 가운데 잎맥을 남겨가며 2분의 1 부분씩을 채색합니다. 그리고 물붓을 이용하여 안쪽에서 바깥쪽으로 점점 엷게 풀어주는 바림 과정으로 채색해주세요.

20 이파리의 바림이 완성되었습니다.

21 15번 과정의 색에 수감색을 좀 더 섞어 진한 색을 만들어준 뒤 세필붓을 사용하여 연한 이파리의 잎맥을 그려주세요.

- 잎맥의 모양은 이미지(119쪽)를 참고해 주세요.

22 17번 과정의 색에 수감색을 좀 더 섞은 진한 색으로 중간 이파리의 잎맥을 그려주세요.

23 19번 과정의 색에 수감색을 좀 더 섞은 진한 색으로 18~19번 과정에서 바림 채색했던 5개의 이파리에도 잎맥을 그려주세요.

24 잎맥이 완성되었습니다.

25 맹황색으로 장미 가시를 그려주세요.

- 물을 많이 섞어 흐리게 그려주세요.
- 세필붓을 이용하여 끝은 뾰족하게 그려주세요.

26 홍매색으로 장미 가시 끝에 포인트를 찍어주세요.

27 장미꽃 그림이 완성되었습니다.

chapter 07

July
Sunflower

7월

여름 햇살 가득 담은 해바라기

삼복더위에도 굳건하게 피어 9월까지 개화하는 꽃인 해바라기는
sunflower라는 이름 그대로 태양을 향해 자라는 성질에서 유래되었어요.
자라는 동안에는 꽃 머리가 태양의 움직임을 따르고,
자란 꽃은 떠오르는 해를 향해 계속 동쪽을 바라보는 꽃이에요.

처음 해바라기를 접했을 때는 노란색이 대부분이었어요. 하지만 최근에는 수입 꽃이 많이 유통되고,
한국에서도 여러 종자를 재배하면서 외국 잡지나 SNS에서 볼 수 있었던 겹겹이 예쁜 해바라기를
쉽게 구매할 수 있게 되었어요. 꽃잎의 노란 부분인 설상화가 겹으로 이뤄진 겹해바라기,
꽃잎이 복슬복슬한 테디베어 해바라기, 설상화 부분이 초콜릿 색상을 가진 초콜릿 해바라기 등
다양하면서 매력적인 해바라기를 만나볼 수 있어요. 이 중에서도 테디베어 해바라기는
색다른 매력을 느낄 수 있어요.

해바라기를 오랫동안 보기 위해서는 설상화 부분에 상처가 없고
비어 있지 않은 해바라기로 구매하는 것이 좋아요. 그리고 잎 부분은 모두 떼어 차가운 물에 담가두면
별도의 약품 처리를 할 필요 없이 오랫동안 해바라기를 즐길 수 있어요.

- **꽃다발의 테크닉_ 나선형 꽃다발, 스파이럴(spiral) 테크닉**
  꽃다발을 만들 때 줄기의 방향에 따라 테크닉이 달라져요. 가장 많이 사용되는 테크닉 중 하나는 스파이럴 테크닉이에요. 스파이럴 테크닉의 장점은 많은 양의 꽃을 한손으로 잡아 꽃다발의 형태가 180도로 보이도록 만들 수 있다는 장점이 있어요. 스파이럴 테크닉은 줄기가 바인딩 포인트(Binding point)를 중심으로 한 방향으로 돌아가는 방법이에요.

- 바인딩 포인트는 한 점에서 묶여지는 점을 말해요.

··· 준비물 ···

꽃_ 해바라기, 퐁퐁(폼폰국화), 각구도라, 폴리, 페이조아, 쥐세리
도구_ 꽃가위, 바인딩 와이어

··· How to make ···

01 준비된 꽃의 꽃잎을 정리해주세요.

02 떼어낼 잎 부분의 꽃대를 잡고 떼어주면 줄기가 약한 꽃이 부러지는 것을 방지할 수 있습니다.

03 각구도라 꽃도 똑같이 전체 잎의 3분의 2를 제거해주세요.

04 준비된 꽃은 꽃다발을 만들기 쉽게 꽃들끼리 테이블 위에 놓아주세요.

05 해바라기 한 대를 가볍게 잡아주세요.

06 그린 소재를 해바라기와 같이 파라렐 형태(줄기가 일직선이 되도록)로 잡아주세요.

07 해바라기를 다시 줄기가 일자가 되도록 잡아주되, 처음 잡았던 해바라기보다는 살짝 높게 잡아주세요.

- 스파이럴 테크닉으로 꽃다발을 잡을 때, 처음 3~4개의 꽃과 소재는 줄기를 일자(파라렐 형태)로 잡아준 후 줄기가 사선인 스파이럴 형태로 잡아줍니다.

08 페이조아를 그림과 같이 사선으로 놓고 잡아주세요.

- 이제부터 모든 꽃과 잎은 사선으로 잡고 같은 방향으로 돌아가며 잡습니다.

09 줄기를 보면 나선형으로 퍼져 있는 모습입니다.

10 각도구라, 퐁퐁, 그린 소재들을 계속 추가해주세요. 꽃을 계속 추가하면서 방향은 사선, 나선형으로 잡아주면 됩니다.

11 다양한 꽃들을 추가할 때 작고 긴 형태의 꽃들은 다른 꽃들보다 조금씩 더 위로 잡아줍니다.

12 처음 잡았던 손은 계속 바인딩 포인트를 잡고, 꽃다발을 돌려가면서 꽃을 추가하면 됩니다.

13 한 방향으로만 줄기들이 잡혀 있는 것이 보입니다.

14 준비한 꽃을 모두 잡았다면 완성입니다.

15 바인딩 포인트에 바인딩 와이어로 묶어줍니다. 사진처럼 약간의 끈을 남겨두고 돌려줍니다.

16 바인딩 와이어를 2~3회 힘을 줘서 돌려줍니다.

17 완성입니다.

18 위에서 찍은 모습이에요.

민화로 꽃 그리기

꽃과 풀을 그린 화훼도, 꽃과 나비를 그린 화접도,
꽃과 새를 그린 화조도 외에도 꽃은 우리 그림에서 참 많이 볼 수 있는 소재입니다.
그려진 꽃의 종류는 40여 종 정도 된다고 해요.

꽃의 아름다움 자체를 묘사하기보다는 고사를 통해 교화적인 내용을 담기도 하고,
꽃의 특징이나 득음에 의해 추구하는 행복의 내용을 담으면서
민화 속의 꽃 이야기는 점점 풍부해졌어요.
꽃을 한 종류만 그릴 때, 또 여러 종류를 그릴 때마다 이야기가 달라진다는 것이
우리 그림의 매력입니다. 그리고 그 이야기를 읽어내는 것이
우리 그림을 제대로 감상하는 방법입니다.

해바라기는 흙에서 피어나는 꽃이기 때문에 결실을 만들어내는 힘이 있다고 믿어져
세화로 종종 그려졌어요. 그리고 사랑방이나 안방 등의 생활공간에 걸어두었다고 해요.

또 상서로운 기운을 담아 그림을 그려낼 때의 꽃들은 실제보다
더 과장된 색채와 크기로 화려하고 아름답게 그렸습니다.
밝고 건강한 자연의 색을 가득 품은
해바라기 그림이 지금까지 그려지고 사랑받는 이유일 거예요.

… 준비물 …

이합장지가 배접 & 반수된 동양화 화판(20×40cm),
연필, 볼펜, 물통, 물감 접시, 민화붓 2필, 세필붓 1필

필요한 물감색_ 호분, 황, 황토, 주황,
맹황, 백록, 수감, 대자, 고동, 군청

… How to draw …

01 먹지 작업이 완성된 도안을 장지 위에 잘 맞춰 올려주세요. 그리고 힘을 주면서 볼펜으로 꼼꼼히 따라 그려 스케치가 잘 배겨날 수 있게 해주세요.

02 황토색으로 꽃과 꽃봉오리에 외곽선을 그려주세요.

03 황토색과 맹황색을 섞어 연한 이파리와 줄기, 꽃받침을 꼼꼼히 채색해주세요.

04 황토색, 맹황색, 백록색을 섞어 중간 이파리를 꼼꼼히 채색해주세요.

05 맹황색과 수감색을 섞어 진한 이파리도 채색해주세요.

06 황색과 황토색을 섞어 해바라기 꽃잎을 꼼꼼히 채색해주세요.

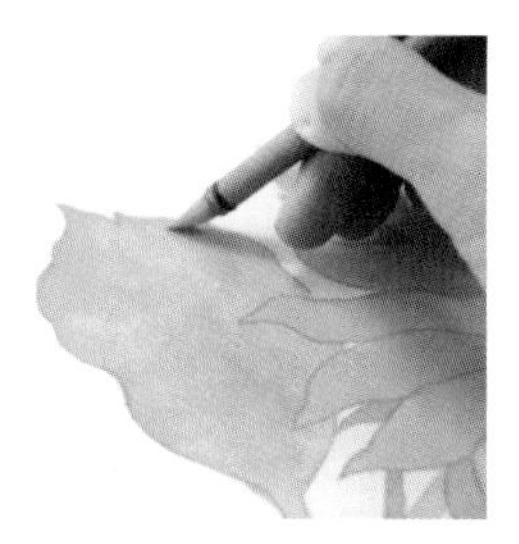

07 황토색과 주황색을 섞어 이파리의 5분의 1 부분씩을 채색하고, 물붓을 이용하여 바깥쪽에서 안쪽으로 점점 엷게 풀어주는 바림 과정으로 채색하세요.

• 7번 과정에서 채색을 진행하는 이파리는 이미지(135쪽)를 참고해주세요.

08 7번 과정과 같은 색으로 해바라기 꽃잎의 각 5분의 2 부분씩을 채색하고, 물붓을 이용하여 안쪽에서 바깥쪽으로 점점 엷게 풀어주는 바림 과정으로 채색해주세요.

09 7번 과정과 같은 색으로 봉오리도 5분의 2 부분씩을 채색하고, 물붓을 이용하여 위쪽에서 아래쪽으로 점점 엷게 풀어주는 바림 과정으로 채색해주세요.

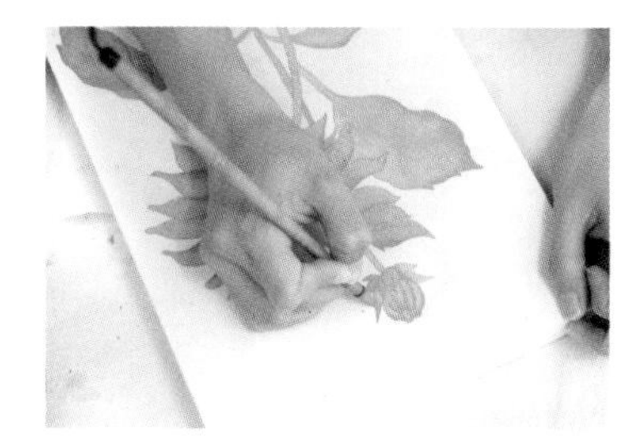

10 황토색, 맹황색, 백록색을 섞어 꽃받침의 5분의 1 부분씩을 채색하고, 물붓을 이용하여 바깥쪽에서 안쪽으로 점점 엷게 풀어주는 바림 과정으로 채색하세요.

11 10번 과정과 같은 색으로 가운데 대룡꽃을 꼼꼼히 채색해주세요.

12 황토색, 맹황색, 백록색, 수감색을 섞어 이파리의 2분의 1 부분씩을 채색하고, 물붓을 이용하여 안쪽에서 바깥쪽으로 점점 엷게 풀어주는 바림 과정으로 채색하세요.

- 12번 과정에서 채색을 진행하는 이파리는 이미지(135쪽)를 참고해주세요.
- 줄기까지 연결되게 풀어주면 더 자연스럽게 채색할 수 있습니다.

13 맹황색, 군청색, 수감색을 섞어 진한 이파리의 5분의 3 부분씩을 채색하고, 물붓을 이용하여 안쪽에서 바깥쪽으로 점점 엷게 풀어주는 바림 과정으로 채색해주세요.

- 다른 이파리들보다 면적을 넓게 채색해주세요.

14 주황색과 대자색을 섞어 8~9번 과정에서 바림 채색했던 꽃잎과 봉오리 부분 위로 다시 한번 바림 채색하여 선명하게 그려주세요.

- 8~9번의 과정보다 면적을 더 좁게 채색해주세요.

15 중간 과정 모습입니다.

16 황토색, 주황색, 대자색을 섞어 바깥쪽 대룡꽃도 꼼꼼히 채색해주세요.

17 대자색과 고동색을 섞어 바깥쪽 대롱꽃의 2분의 1 부분을 채색하고, 물붓을 이용하여 바깥쪽에서 안쪽으로 점점 엷게 풀어주는 바림 과정으로 채색해주세요. 맹황색, 백록색, 수감색을 섞어 안쪽 대롱꽃도 2분의 1 부분을 채색하고, 물붓을 이용하여 바깥쪽에서 안쪽으로 점점 엷게 풀어주는 바림 과정으로 채색해주세요.

18 17번 과정의 색에 고동색을 좀 더 섞은 진한 색으로 바깥쪽 대롱꽃에 다시 한번 바림 채색하여 선명하게 그려주세요.

- 17번의 과정보다 면적을 더 좁게 채색해주세요.

19 호분색, 황색, 황토색을 섞어 꽃잎에 선묘를 그려주세요.

- 물을 많이 섞어 가볍게 그려주세요.

20 19번 과정과 같은 색으로 봉오리 부분에도 선묘를 그려주세요.

21 19번 과정과 같은 색으로 동그랗게 점을 찍어 대롱꽃의 꽃술을 묘사해주세요.

- 2분의 1 면적만큼 그려주세요.

22 19번 과정의 색에 황색과 황토색을 좀 더 섞은 진한 색으로 다시 한번 꽃잎에 선묘를 그려주세요.

23 22번 과정과 같은 색으로 동그랗게 점을 찍어 바깥쪽 꽃술만 묘사해주세요.

- 남은 부분을 빽빽하게 메워 그려주세요.

24 23번 과정에 맹황색을 좀 더 섞은 색으로 안쪽 꽃술도 묘사해주세요.

25 꽃잎과 꽃술 부분의 묘사가 완성되었습니다.

26 10번 과정의 색에 수감색을 좀 더 섞어 진한 색을 만들어준 뒤 세필붓을 사용하여 꽃받침의 선묘를 그려주세요.

27 26번 과정과 같은 색으로 줄기도 바림 과정으로 채색하세요.

28 12번 과정의 색에 수감색을 좀 더 섞어 진한 색을 만들어준 뒤 잎맥을 그려주세요.

- 28번 과정에서 잎맥을 그려주는 이파리는 3개입니다. 이미지(135쪽)를 참고해주세요.

29 맹황색과 수감색을 섞어 세 개의 이파리에도 잎맥을 그려주세요.

- 29번 과정에서 입맥을 그려주는 이파리는 이미지(135쪽)를 참고해주세요

30 13번 과정의 색에 수감색을 좀 더 섞은 진한 색으로 나머지 이파리에 잎맥을 그려주세요.

31 잎맥의 중간 과정 모습입니다.

32 호분색과 백록색을 섞어 잎맥의 모양을 따라 한쪽으로만 한 번 더 잎맥을 그려주세요.

- 32번 과정에서 잎맥을 그려주는 이파리는 4개입니다. 해당되는 이파리와 모양은 이미지(135쪽)를 참고해주세요.

33 해바라기 그림이 완성되었습니다.

chapter 08

August
Succulent plant

8월

뜨거운 것이 좋아, 다육식물

avec-toi
15/6e
HOME

다육식물의 생육환경은 사막이나 고산지대 등 건조한 곳, 그늘이 없고 햇빛이 가득한 곳입니다.
그래서 다른 꽃들과 다르게 여름 내내 우리 곁에서 더위를 같이 이겨내는 식물이에요.
우리가 알고 있는 것과는 달리 모든 다육식물은 일 년 내내 성장하는 식물은 아니에요.
여름에 휴면 상태인 다육식물은 여름에 잠을 자고 겨울에 성장하는 식물을 뜻해요.
또 반대로 겨울에 휴면하는 다육식물도 있어요. 여름에 휴면하는 식물의 경우,
여름에는 성장을 쉬는 만큼 물주기도 뜸해지고, 그늘지고 바람이 잘 통하는 곳에서 잘 자랍니다.
그리고 겨울에 성장하는 식물은 여름보다 물을 더 많이 먹게 되지요.
또 다육식물들은 모두 햇빛을 좋아하지 않는다는 사실이에요.
물론 햇빛을 보지 못하면 웃자라는 경우도 있어서 햇빛이 꼭 필요한 다육식물도 있지만,
햇볕을 너무 쬐면 화상을 입어 그늘에서 키워야 하는 다육식물도 있어요.
기르기 쉽다고 해서 다육식물을 길렀는데, 쉽게 시들어버린 경우는 이런 오해에서 비롯된 것이에요.
그러므로 다육식물을 키울 때는 종류를 확인하고, 각각 다육식물이 원하는 조건을 고려해서 키워야 해요.
그러면 건강하게 잘 자라는 식물이 될 거예요.
이번에 고른 다육식물들은 제가 좋아하는 식물들 중 하나예요.
오차각, 알로에, 축전, 티피 같은 다육식물은 무심하게 두어도 혼자서 무럭무럭 잘 자라고,
축전은 하트 모양이어서 마음을 따뜻하게 해주는 것 같아요.
엄마의 뱃속에서 아이가 자라 태어나듯이 축전도 몸 안에서 새끼가 나오는 모습을 볼 수 있어요.
티피의 경우 햇볕을 너무 오래 보면 잎이 탈 수 있어서, 약간의 반음지에서 키워주는 것이 좋아요.
다육식물은 반음지나 음지의 바람이 잘 통하는 곳에 두고,
집안 환경이나 계절에 따라 물주기가 달라질 수 있으므로 잎이 마르기 전에 물을 주면 됩니다.

HOME
How to maximize your space
Find the perfect style for your home

… 준비물 …

식물_ 다양한 다육식물들(녹비단, 오차각, 알로에, 핑크 알로에, 축전, 부영, 티피)
도구_ 흙, 마사토, 작은 돌, 화분, 거름망, 미니어처 인형

- 똑같은 식물들이 아니어도 괜찮고, 미니어처 인형은 없어도 괜찮아요.

… How to make …

01 거름망을 알맞게 잘라 화분 중앙의 구멍을 막아주세요.

02 마사토를 화분의 5분의 1에서 5분의 2가량 넣어주세요.

- 마사토를 넣어주는 이유는 다육식물의 생육 조건은 건조하고 배수가 잘돼야 하기 때문입니다. 똑같은 생육 조건을 만들어주기 위해, 배수가 잘될 수 있도록 흙보다는 입자가 큰 마사토를 넣어줍니다.

03 비어 있는 용기에 흙과 마사토를 5:5의 비율로 넣어주세요.

04 흙과 마사토를 고루 섞어주세요.

05 잘 섞인 흙과 마사토를 다시 화기에 5분의 2 가량 넣어주세요.

06 포트에 들어 있는 오차각을 화기에 넣어주기 위해 한손은 포트 아래쪽을 눌러주세요.

07 위로 살짝 식물을 들어주면, 오차각이 가볍게 나오게 됩니다.

08 포트에서 나온 오차각을 화분에 옮겨주세요.

09 화분에 위치를 잡고, 잘 섞인 흙+마사토를 오차각 주위에 덮어줘 지지대를 만들어줍니다.

10 두 번째 다육식물 녹비단도 포트 아래쪽을 눌러 가볍게 빼내어주세요.

11 첫 번째 오차각 옆, 오른쪽으로 자리를 잡고 올려놓아 주세요.

12 잘 섞인 흙+마사토를 덮고 손으로 꾹꾹 눌러줍니다.

13 같은 방법으로 세 번째 다육식물 알로에도 포트에서 빼내어

14 오차각 왼쪽으로 올려놓고, 잘 섞인 흙+마사토를 덮어 손으로 눌러줍니다.

15 키가 큰 다육식물들은 뒤쪽으로, 앞쪽에는 키가 작은 다육식물을 심어줍니다. 같은 방법으로 포트에서 부영을 빼서 화분에 올려놓고

16 잘 섞인 흙+마사토를 넣어 손으로 꾹꾹 눌러 심어줍니다.

17 부영 옆에 티피도 같은 방법으로 포트에서 제거해 화분에 심어줍니다.

18 핑크 알로에도 같은 방법으로 포트에서 빼내어 주세요.

19 위에서 보듯이 핑크 알로에가 들어갈 수 있도록 공간을 확보한 다음 흙+마사토를 잘 덮어 주세요.

20 키가 작은 축전은 앞쪽으로 심어주세요.

21 전체적으로 비어 있는 부분에 흙+마사토를 넣고 잘 눌러서 평평하게 만들어줍니다.

22 마지막으로 마사토를 그 위에 골고루 덮어줍니다.

23 준비된 미니어처 인형이 있다면 식물들 사이사이에 데코해주세요.

24 완성입니다.

수분이 적고 건조한 지역에서 살아남기 위해 땅 위의 줄기나 잎에
많은 양의 수분을 저장하고 있는 식물이 바로 다육식물이에요.
이처럼 꽃과 풀들은 자연 속에서 각기 다르게 피고 지는 생존 섭리를 가지고 있어요.
우리 선조들은 이런 자연을 관찰하고 교감하며,
삶의 이치를 찾아 그림으로 표현해왔어요.
그래서 사실주의처럼 정확하게 자연을 표현하는 기교 위주의 그림보다는
무엇인가를 배우려는 자세로 자연을 바라본 그림들이 많이 남아 있습니다.

선조들은 마음을 굳게 하고 덕성을 키우기 위해 꽃을 재배했어요.
때문에 절대 아무 꽃이나 심지 않았고, 그리지 않았다고 해요.
그러니 어떤 꽃과 식물에 마음을 두었는지 살펴보는 것도 재미있는 연구가 되겠죠!
대표적으로 잎이 펼쳐지면 그 중심에서 새심이 올라와
날이 갈수록 새로워지라는 의미의 파초와
아래서부터 꽃을 피워 꼭대기까지 올라가는 접시꽃은
벼슬 승진을 기원하는 의미로 사랑받았어요.
그리고 국화와 매화 등을 가까이 심어 살펴보았다고 해요.

··· 준비물 ···

이합장지가 배접 & 반수된 동양화 화판(25×25cm),
연필, 볼펜, 물통, 물감 접시, 민화붓 2필, 세필붓 1필

필요한 물감색_ 호분, 황토, 맹황, 백록, 군청, 수감

··· How to draw ···

01 먹지 작업이 완성된 도안을 장지 위에 잘 맞춰 올려주세요. 그리고 힘을 주면서 볼펜으로 꼼꼼히 따라 그려 스케치가 잘 배겨날 수 있게 해주세요.

02 황토색, 맹황색, 백록색을 섞어 알로에 잎 전체를 꼼꼼히 채색해주세요.

- 물을 많이 섞어 담하게 채색해주세요.

03 황토색, 맹황색, 백록색, 수감색을 섞어 연한 잎의 5분의 2 부분씩을 채색하고, 물붓을 이용하여 점점 엷게 풀어주는 바림 과정으로 채색해주세요.

- 3번 과정에 해당하는 잎과 방향은 이미지(155쪽)를 참고해주세요.

04 황토색, 맹황색, 군청색, 수감색을 섞어 진한 잎의 5분의 3 부분씩을 채색하고, 물붓을 이용하여 점점 엷게 풀어주는 바림 과정으로 채색해주세요.

- 4번 과정에 해당하는 잎과 방향은 이미지(155쪽)를 참고해주세요.

05 호분색과 백록색을 섞어 잎의 가장 밝은 부분을 채색하고, 물붓을 이용하여 점점 엷게 풀어주는 바림 과정으로 채색해주세요.

- 5번 과정에 해당하는 잎과 방향은 이미지(155쪽)를 참고해주세요.
- 면적은 각 잎의 5분의 1 부분씩 채색해주세요.

06 호분색과 맹황색을 섞어 5번 과정에서 제외한 나머지 잎의 가장 밝은 부분을 채색하고, 물붓을 이용하여 점점 엷게 풀어주는 바림 과정으로 채색하세요.

- 6번 과정에 해당하는 잎과 방향은 이미지(155쪽)를 참고해주세요.
- 면적은 각 잎의 5분의 1 부분씩 채색해주세요.

07 황토색, 맹황색, 백록색, 수감색을 섞어 3번 과정에서 바림 채색했던 잎 위로 다시 한번 바림 채색하여 선명하게 그려주세요.

- 3번 과정보다 수감색을 좀 더 섞은 진한 색을 사용해주세요.
- 3번 과정보다 면적을 더 좁게 채색해주세요.

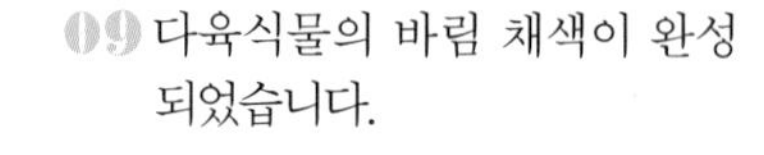

08 황토색, 맹황색, 군청색, 수감색을 섞어 4번 과정에서 바림 채색했던 잎 위로 다시 한번 바림 채색하여 선명하게 그려주세요. 그리고 표시된 3개의 잎은 아래쪽에서 위쪽으로 한 번 더 바림 채색하여 알로에를 더욱 힘있게 그려주세요.

- 4번 과정보다 수감색을 좀 더 섞은 진한 색을 사용해주세요.
- 4번 과정보다 면적을 더 좁게 채색해주세요.

09 다육식물의 바림 채색이 완성되었습니다.

10 호분색, 백록색을 섞어 선묘를 그려주세요.

- 빼곡하게 그리지 말고, 가볍게 그려주세요.

11 10번 과정과 같은 색으로 알로에 가시를 묘사해주세요.

12 맹황색과 수감색을 섞어 알로에 잎에 다시 한번 선묘를 그려주세요.

13 다육식물 그림이 완성되었습니다.

chapter 09

September
Dahlia

9월

가을의 분위기를 담은 다알리아

다알리아는 원산지인 멕시코와 과테말라 산지에 27종이 분포해 있고, 우리나라 전역에도 분포해 있어요.
미국에서 꽃 농장을 하는 플로리스트는 450종류의 다알리아를 키워보았다고[8] 할 만큼
다양한 종류의 다알리아가 있어요. 실제로 우리나라에 유통되는 다알리아만 봐도 사람 얼굴보다
큰 화형을 지닌 다알리아부터 손바닥보다 작은 얼굴을 가진 다알리아까지 다양해요.
또 단조로운 색감에서 오묘한 빛깔을 뽐내는 다알리아까지 정말 다채로운 꽃이에요.
화형 또한 다양해서 꽃잎이 트위스트 되어 피어나거나, 둥글게 말린 작은 공 모양,
장미처럼 한 겹 한 겹 피어나는 다알리아도 있어요.

다양한 색감과 화형을 가진 다알리아는 그리 오래가는 꽃은 아니에요.
그래서 다알리아를 구매할 때에는 꽃 전체가 몽우리 진 꽃은 농장에서 출하하지 않기 때문에
안쪽 꽃잎이 몽우리 진 꽃을 구매하는 것이 좋아요. 다알리아 줄기는 특히 예민해서
물이 더러우면 줄기의 물 도관이 막히므로 매일 물을 갈아주고 줄기 끝을 매일 잘라줘야 해요.
또한 물이 부족하면 겉 꽃잎부터 마르기 때문에 물을 넉넉히 넣어주어야 오래갈 수 있어요.

처음 다알리아를 본 순간, 그냥 지나칠 수 없는 꽃이 될 거예요.
강렬한 색부터 야리야리한 색감까지 좋아하는 컬러가 하나 정도는 들어 있는 꽃이고,
꽃 중에 화려함의 대표가 될 수 있을 만큼 눈길을 끄는 꽃이죠.
이번에 사용하는 다알리아의 컬러는 9월과 어울리는 와인색을 선택했어요.
하지만 다알리아는 노란색, 주황색, 핑크색, 흰색, 피치색 등으로 컬러가
다양해서 계절과 디자인에 맞게 선택해서 다알리아의 아름다움을 느껴보세요.

• 8 Ebin Benzakein with Julie Chai, *Cut Flower Garden*, CHBONICLE BOOKS, 2017.

꽃꽂이 하기

··· 준비물 ···

꽃_ 아몰렛다알리아, 다알리아, 라일락, 다정금, 왁스
도구_ 바구니, 플로랄폼, 플로랄폼 칼, 물통, 꽃가위

··· How to make ···

01 물통에 물을 담아서 준비해주세요.

02 플로랄폼이 완전히 가라앉을 때까지 조금 기다려주세요.

- 절대 손으로 누르거나 위에서 물을 부으면 안 됩니다.

03 물이 충분히 스며든 플로랄폼은 바구니 크기에 맞게 플로랄폼 칼로 알맞게 잘라주세요.

04 바구니에 플로랄폼을 넣어주세요. 플로랄폼을 너무 많이 잘라 꽃을 꽂을 공간이 적으면 안 되니 조금씩 잘라서 바구니 크기에 맞게 잘라주세요.

05 아몰렛다알리아의 줄기를 사선으로 잘라주세요. 최대한 사선으로 잘라주면 플로랄폼에 쉽게 들어갑니다.

• 화형이 큰 꽃부터 꽂아주는 것이 좋아요.

06 아몰렛다알리아의 화형이 위쪽을 바라보도록 꽂아주세요. 꽃을 꽂을 때는 플로랄폼에 줄기가 5cm 이상 들어가도록 해주세요.

07 두 번째 아몰렛다알리아도 첫 번째 꽃 부근에 앞쪽을 바라보도록 꽂아주세요.

08 세 번째 아몰렛다알리아는 크기를 낮춰서 바구니의 중심 부분에 꽂아주세요.

09 다정금의 줄기는 사선으로 잘라주세요.

• 줄기가 두꺼우니 꽃 가위를 사용할 때 조심히 잘라주세요.

10 다정금은 바구니의 앞쪽으로 자연스럽게 흘러나오도록 꽂아주세요.

11 그리고 다시 아몰렛다알리아를 바구니 반대쪽으로 자연스럽게 꽂아주세요.

12 아몰렛보다 작은 화형의 다알리아를 꽂을 때에도 줄기는 사선으로 잘라주세요.

13 아몰렛다알리아 부근에 높고 낮게 다양한 높이로 꽃을 꽂아주세요.

14 위에서 보듯이 바구니 안에만 꽂는 것이 아니라 바구니의 폭을 벗어나도록 꽂아주세요.

15 다알리아로 앞면과 뒷면에 다양하게 꽂아주세요.

16 바구니를 돌려 뒤편에도 다정금과 다알리아를 꽂아주세요.

17 작은 화형의 왁스플라워를 비어 있는 곳에 꽂이주세요.

18 왁스플라워는 작은 화형이기 때문에 여러 개 뭉쳐서 꽂아줘도 예뻐요.

19 라일락도 똑같이 줄기를 사선으로 잘라주세요.

20 라일락처럼 긴 화형의 꽃은 꽃 모양 그대로 살려줘서 라인감이 잘 드러나도록 꽂아주세요.

21 다양한 방향으로 라일락을 꽂아주세요.

22 완성입니다.

다알리아는 국화과로 관상용 꽃입니다. 국화는 관상용 식물 중 가장 오래된 종으로,
문인들은 국화를 집 주변에 심고 날마다 감상하면서 정신을 맑게 하면서 삶을 생각했다고 합니다.
오색의 빛깔 중 국화의 빛깔을 가장 아름답게 여겼고,
또 추위를 이겨내고 늦은 서리를 견디며 은은한 향기를 발산하는 국화 모습을 칭찬했다고 해요.

선비가 집 뜰에 모란이나 작약을 심지 않고 국화를 심으면 부귀영화를 뒤로 하고
유유자적하게 살아갈 것을 간접적으로 표현[9]하는 것이었다고 해요.
그래서 화분 하나에 3색 국화, 4색 국화를 피우는 기술까지 발전할 정도로
국화 재배가 성행했다는 기록도 남아 있습니다.

다산 정약용은 여름에는 잎을 감상하고, 가을에는 꽃을 보며, 낮에는 자태를,
밤에는 그림자를 사랑한다고[10] 글을 남길 정도로 국화에 특별한 애정을 보이기도 했다니
옛 문인들이 국화의 정신을 얼마나 흠모했는지,
또 삶으로 살아내고자 했는지 절절한 마음이 느껴집니다.

- 9 장진희, 〈꽃 그림의 象徵性에 關한 硏究 : 한시를 중심으로 = (A) study on the symbolismof flower paintings : focusing on its usage in the traditional poetry〉 학위논문(석사), 弘益大學校 大學院 : 東洋畵科東洋畵專攻 2009. 13p.
- 10 정민(한양대학교 국문학과 교수), 《꽃의 도상학, 말하는 꽃그림》

… 준비물 …

이합장지가 배접 & 반수된 동양화 화판(22×22cm),
연필, 볼펜, 물통, 물감 접시, 민화붓 2필, 세필붓 1필

필요한 물감색_ 호분, 황토, 홍매,
맹황, 백록, 군청, 수감, 대자

… How to draw …

01 먹지 작업이 완성된 도안을 장지 위에 잘 맞춰 올려주세요. 그리고 힘을 주면서 볼펜으로 꼼꼼히 따라 그려 스케치가 잘 배겨날 수 있게 해주세요.

02 홍매색, 군청색, 대자색을 섞어 꽃과 꽃봉오리의 외곽선을 그려주세요.

- 물을 많이 섞어 흐리게 그려주세요.

03 황토색과 맹황색을 섞어 연한 이파리와 줄기를 꼼꼼히 채색해주세요.

04 황토색, 맹황색, 백록색을 섞어 나머지 이파리도 꼼꼼히 채색해주세요.

05 홍매색, 군청색, 대자색을 섞어 각 꽃잎의 2분의 1 부분씩을 채색하고, 물붓을 이용하여 안쪽에서 바깥쪽으로 점점 엷게 풀어주는 바림 과정으로 채색해주세요.

- 이미지(171쪽)를 참고하여 꽃잎의 결을 살려 채색하고 바림해주세요.

06 바림 중간 과정 모습입니다.

07 호분색, 홍매색, 군청색을 섞어 가운데 꽃잎에 거꾸로 바림을 넣어 중간에서 자연스럽게 만나도록 풀어주세요.

- 이미지(171쪽)를 참고하여 꽃잎 모양의 결을 살려 채색하고 바림해주세요.
- 7번 과정에 해당하는 꽃잎은 이미지(171쪽)를 참고해주세요.

08 7번 과정에 호분색을 더 섞은 색으로 중간 꽃잎에 거꾸로 바림을 넣어 중간에서 자연스럽게 만나도록 풀어주세요.

- 8번 과정에 해당하는 꽃잎은 이미지(171쪽)를 참고해주세요.

09 8번 과정에 호분색을 더 섞은 색으로 바깥쪽 꽃잎 부분은 거꾸로 바림을 넣어 중간에서 자연스럽게 만나도록 풀어주세요.

- 9번 과정에 해당하는 꽃잎은 이미지(171쪽)를 참고해주세요.

10 바림 중간 과정의 모습입니다.

11 9번 과정과 같은 색으로 꽃봉오리 세 개의 꽃잎의 각 2분의 1 부분씩을 채색하고, 물붓을 이용하여 바깥쪽에서 안쪽으로 점점 엷게 풀어주는 바림 과정으로 채색해주세요.

- 이미지(171쪽)를 참고하여 꽃잎의 결을 살려 채색하고 바림해주세요.

12 7번 과정의 색으로 나머진 세 개의 꽃잎 부분에도 2분의 1 부분씩을 채색하고, 물붓을 이용하여 바깥쪽에서 안쪽으로 점점 엷게 풀어주는 바림 과정으로 채색해주세요.

13 홍매색, 군청색, 대자색을 섞은 색으로 5번 과정에서 바림 채색했던 꽃잎 부분 위로 다시 한번 바림 채색하여 선명하게 그려주세요.

14 다알리아 꽃 바림이 완성되었습니다.

15 13번 과정의 색으로 12번 과정의 꽃잎에도 거꾸로 바림을 넣어 중간에서 자연스럽게 만나도록 풀어주세요.

16 황토색, 맹황색, 백록색을 섞어 11번 과정의 꽃잎에 거꾸로 바림을 넣어 중간에서 자연스럽게 만나도록 풀어주세요.

17 맹황색과 수감색을 섞어 3번 과정의 잎에 잎맥을 따라 한쪽만 2분의 1 부분씩 채색하고, 안쪽에서 바깥쪽으로 점점 엷게 풀어주는 바림 과정으로 채색해주세요. 어느 정도 마르면 잎맥 반대쪽에 바깥쪽에서 안쪽으로 점점 엷게 풀어주는 바림 과정도 함께 채색해주세요.

- 17번 과정에서 채색을 진행하는 이파리와 방향은 이미지(171쪽)를 참고해주세요.
- 두 방향을 동시에 채색하면 쉽게 번질 수 있으니 한 방향으로 바림 채색하고, 어느 정도 마르면 반대 방향을 바림 채색해주세요.

18 맹황색, 백록색, 수감색을 섞어 나머지 이파리에도 17번 과정과 동일하게 바림 과정으로 채색해주세요.

19 황토색에 맹황색을 좀 더 섞은 진한 색으로 줄기와 봉우리의 꽃받침도 17번 과정과 동일하게 바림 과정으로 채색해주세요.

- 줄기의 바림 방향은 이미지(171쪽)를 참고해주세요.

20 17번 과정의 색에 수감색을 좀 더 섞은 진한 색으로 잎맥을 그려주세요.

21 18번 과정의 색에 수감색을 좀 더 섞은 진한 색으로 잎맥을 그려주세요.

- 잎맥의 모양은 이미지(171쪽)를 참고해주세요.

22 19번 과정의 색에 수감색을 좀 더 섞은 진한 색으로 꽃받침의 선묘를 그려주세요.

- 가운데 한 줄씩만 그려주세요.

23 백록색과 호분색을 섞어 20번 과정의 이파리에 잎맥의 모양을 따라 한쪽으로만 한 번 더 잎맥을 그려주세요.

24 그림이 완성되었습니다.

chapter 10

October
Chrysanthemum

10월

선선한 바람을 기다린 국화

꽃꽂이 클래스

어느 화단에서나 쉽게 찾아볼 수 있고, 여러 가지 색감으로 가을을 더욱 풍성하고
화려하게 누리게 해주는 국화는 화형의 크기에 따라 대국, 중국, 소국으로 나뉘어요.
또 꽃의 형태에 따라 아네모네형, 스탠더드형, 스프레이형, 폼폰형 등 여러 형태로 나눌 수 있어요.
다른 꽃의 종류만큼이나 다양한 국화가 유통되고 있고,
요즘 인기가 높은 '폼폰국화' 또는 '퐁퐁'이라고 불리는 국화는 동그란 모양으로
아이스크림 같은 꽃 얼굴에 인형처럼 꾸며 판매되고 있어요.

국화는 다른 꽃에 비해 강한 꽃이어서 물속에 잎만 들어가지 않는다면
보통 일주일에서 2주 이상까지 볼 수 있어요.
그리고 잎이 먼저 말라버리는 국화 특성상 잎이 싱싱한 경우에는
국화를 더 오래 감상할 수 있답니다.

제가 국화를 좋아하는 이유는 자연 냄새에 가까운 향기를 지녔기 때문이에요.
국화의 잎을 정리하고 난 후 손 냄새를 맡아보면 흙 내음이 손 가득 퍼져 있어,
그 향만으로도 자연 속에 있는 것 같은 느낌을 받곤 해요.
요즘같이 바쁜 생활 속에서 국화와 함께 자연을 느껴보는 것도 좋겠죠.
이번에는 국화를 사용해 리스를 만들 거예요.
국화를 짧게 자르고 잎을 많이 떼어내는 등 꽃을 만지는 과정이 많은 만큼
자연의 향기를 충분히 즐기시길 바랍니다.

… 준비물 …

꽃_ 국화과 꽃(티베르 소국, 다이아몬드 소국, 은하수 소국, 퐁퐁(폼폰국화), 블랙잭(유칼립투스), 랄피
도구_ 플로랄폼 링, 꽃 가위, 물통, 돌림판

• 꽃을 똑같이 준비하지 않아도 돼요. 비슷한 국화, 소국으로 준비하면 됩니다.

… How to make …

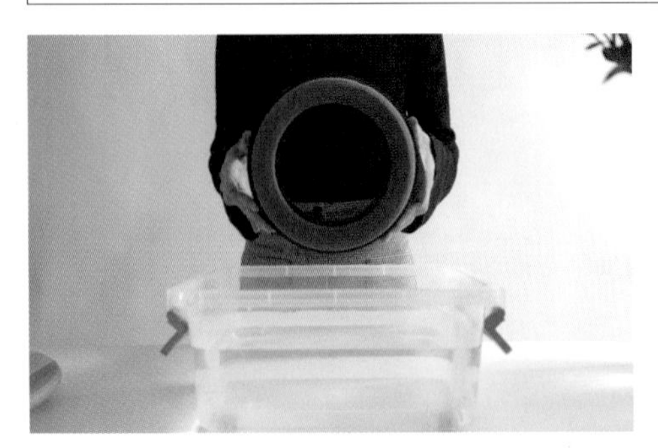

01 미리 준비한 물통에 플로랄폼 링을 넣어주세요.

02 천천히 플로랄폼 링에 물이 스며드는 것을 지켜봐주세요.

• 여기서 주의할 점은 절대 플로랄폼 링을 누르면 안 됩니다.

03 물을 먹은 플로랄폼 링은 색도 진해지고 무게가 꽤 무거워져요.

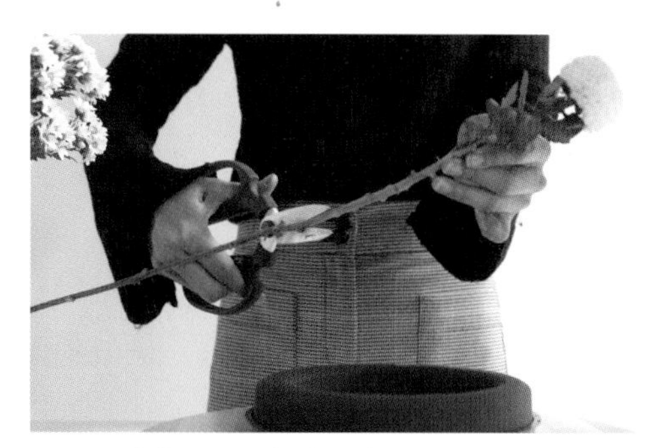

04 준비한 꽃 중에 얼굴이 큰 퐁퐁을 잘라주세요. 이때 줄기는 사선으로 잘라주어야 해요. 사선으로 줄기를 잘라야 딱딱한 플롤럴 폼에 잘 꽂히기 때문이고, 줄기 단면을 넓게 해 수분 공급에 용이하도록 하기 위해서예요.

05 짧게 자른 퐁퐁 잎이 플로랄폼에 닿으면 좋지 않기 때문에 잎을 조금 제거해주세요.

06 잎은 2~3개 정도 꽃에 가까운 잎만 남겨주면 됩니다.

07 잎을 정리한 퐁퐁을 플로랄폼에 꽂아주세요.

08 또 다른 퐁퐁을 측면에도 꽂아주세요.

09 준비한 퐁퐁의 잎을 모두 제거하고 사선으로 잘라 플로랄폼 링에 꽂아주세요.

10 랄피 잎 아랫부분의 잎을 떼어주세요.

11 퐁퐁 옆으로 랄피 잎을 꽂아주세요.

12 여러 군데 꽂은 퐁퐁 중심으로 그린 잎을 떼고 꽂아주세요.

13 은하수 소국을 알맞은 크기로 줄기를 사선으로 잘라주세요.

14 퐁퐁과 그린 소재를 꽂은 옆으로 다양하게 꽂아주세요.

15 플로랄폼 링은 옆면까지 모두 꽂아주어야 해요. 옆면에 있는 플로랄폼까지 이용해서 옆면에도 꽃을 꽂아주세요.

16 바깥쪽 옆면에도 꽂아주었다면, 안쪽 면에도 꽃이 있어야 입체감을 주고 풍성해져요. 그러므로 안쪽 면에도 꽃과 잎을 꽂아주세요.

17 어느 정도 둥근 형태가 나오고 있어요.

18 그리고 준비한 티베르 소국을 똑같이 플로랄폼이 보이지 않도록 바깥 측면에도 꽂아주세요.

19 측면에서 꽂을 때는 줄기가 사선이 아닌 일직선이 되도록 꽂아주어야 합니다.

20 다이몬드 소국의 줄기를 잘라주세요.

21 여러 소국 사이에 조금은 높게 다이아몬드 소국을 꽂아수세요.

22 측면에도 꽂아줌으로써 입체감을 줄 수 있어요.

23 안쪽과 바깥쪽까지 채워서 꽂아주세요. 플로랄폼이 보이지 않는 게 좋아요.

24 마지막으로 블랙잭(유칼립투스)을 자연스럽게 삐쭉삐쭉 꽂아주면 됩니다.

25 완성이에요.

국화 그림은 선비의 지조나 절개뿐 아니라 장수의 기원을 뜻합니다.
일찍이 동아시아 사람들은 국화를 먹으면 신선처럼 오래 살 수 있다고 믿어 약재로도 사용했어요.
국화로 차를 끓여 마시거나, 술을 담가 마시는 풍습도 있었다고 해요.
그래서 국화는 장수를 뜻하는 그림으로 그려지는 경우가 많아요.

국화가 바위에 얹혀 있으면 더 오래 산다는 익수(益壽)의 뜻이 되어 장수의 의미가 더욱 강조됩니다.
가정의 화목을 바라는 화조도에 국화와 괴석이 함께 그려질 때는 단란한 가정의 행복이 계속해서
이어지기를 기원하는 의미를 담은 그림이 됩니다.

국화를 호랑나비나 고양이와 함께 그릴 때에는 장수를 축원하는 그림,
소나무와 국화를 함께 그리면 유유자적한 생활과 장수를 축원하는 그림,
구기자와 국화를 함께 그리면 항상 건강을 유지하며 장수하기를 바라는 그림이 됩니다.

앞장에서 살펴본 것처럼, 국화는 선비들이 늘 가까이 하며 그 정신을 음미하려 했던 꽃입니다.
하지만 현실적인 삶의 소망을 담은 꽃이기도 합니다.
민화의 많은 꽃이 그렇듯 국화 역시 같은 꽃이지만 서로 다른 뜻을 의미하는 꽃이에요.

… 준비물 …

이합장지가 배접 & 반수된 동양화 화판(26×35cm),
연필, 볼펜, 물통, 물감 접시, 민화붓 2필, 세필붓 1필

필요한 물감색_ 호분, 황, 황토, 맹황, 백록, 수감

… How to draw …

01 먹지 작업이 완성된 도안을 장지 위에 잘 맞춰 올려주세요. 그리고 힘을 주면서 볼펜으로 꼼꼼히 따라 그려 스케치가 잘 배겨날 수 있게 해주세요.

02 황토색으로 꽃과 꽃봉오리에 외곽선을 그려주세요.

• 물을 많이 섞어 흐리게 그려주세요.

03 황토색과 맹황색을 섞어 연한 이파리를 꼼꼼히 채색해주세요.

04 황토색, 맹황색, 백록색을 섞어 중간 이파리와 줄기를 꼼꼼히 채색해주세요.

05 맹황색과 수감색을 섞어 진한 이파리도 채색해주세요.

06 황색과 황토색을 섞어 각 꽃잎의 2분의 1 부분씩을 채색하고, 물붓을 이용하여 안쪽에서 바깥쪽으로 점점 옅게 풀어주는 바림 과정으로 채색해주세요.

• 이미지(189쪽)를 참고하여 꽃잎 모양의 결을 살려 채색하고 바림해주세요.

07 봉오리의 꽃잎들도 6번 과정과 같은 색, 같은 방향으로 바림 채색해주세요.

08 6번 과정과 같은 색으로 아래쪽에 위치한 작은 꽃봉오리를 꼼꼼히 채색해주세요.

09 6번 과정의 물감이 완전히 마르면 호분색으로 거꾸로 바림을 넣어 중간에서 자연스럽게 만나도록 풀어주세요.

- 이미지(189쪽)를 참고하여 꽃잎의 결을 살려 채색하고 바림해주세요.
- 호분색은 종이에 제일 잘 스며드는 색이므로 농도를 짙게 해서 채색해주세요.

10 국화꽃 바림 중간 과정의 모습입니다.

11 7번 과정에서 채색했던 꽃봉오리에도 호분색으로 거꾸로 바림을 넣어 중간에서 자연스럽게 만나도록 풀어주세요.

12 국화꽃 바림 중간 과정의 모습입니다.

13 6번 과정의 색에 황토색을 좀 더 섞은 진한 색으로 바림 채색했던 꽃잎 부분 위로 다시 한번 바림 채색하여 선명하게 그려주세요.

- 6번의 과정보다 면적을 좀 더 좁게 채색해주세요.
- 이미지(189쪽)를 참고하여 꽃잎의 결을 살려 채색하고 바림해주세요.

14 부드러운 바림이 표현된 꽃잎이 완성되었습니다.

15 13번 과정과 같은 색, 같은 방향으로 꽃봉오리도 한 번 더 바림 과정으로 채색해주세요.

16 국화꽃의 바림 채색이 완성되었습니다.

17 황토색, 맹황색, 수감색을 섞어 3번 과정에서 밑색을 넣은 이파리의 5분의 2 부분씩을 채색하고, 물붓을 이용하여 바깥쪽에서 안쪽으로 점점 엷게 풀어주는 바림 과정으로 채색해주세요.

18 4번 과정의 색에 수감색을 좀 더 섞은 진한 색으로 중간 이파리의 5분의 2 부분씩을 채색하고, 물붓을 이용하여 바깥쪽에서 안쪽으로 점점 엷게 풀어주는 바림 과정으로 채색하세요.

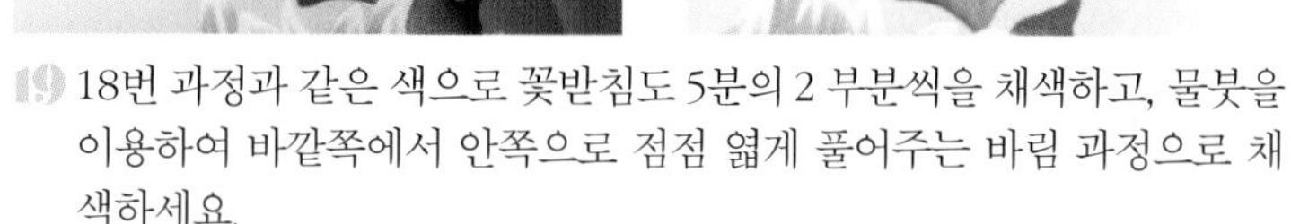

19 18번 과정과 같은 색으로 꽃받침도 5분의 2 부분씩을 채색하고, 물붓을 이용하여 바깥쪽에서 안쪽으로 점점 엷게 풀어주는 바림 과정으로 채색하세요.

• 이미지(189쪽)를 참고하여 꽃받침의 모양을 살려 채색하고 바림해주세요.

20 18번 과정과 같은 색으로 제일 작은 봉우리의 꽃받침도 동일하게 바림 과정으로 채색해주세요. 그리고 꽃잎은 5분의 1 부분씩을 채색하고, 물붓을 이용하여 아래쪽에서 위쪽으로 점점 엷게 풀어주는 바림 과정으로 채색해주세요.

• 이미지(189쪽)를 참고하여 꽃잎의 모양을 살려 채색하고 바림해주세요.

21 18번 과정과 같은 색으로 줄기도 바림 과정으로 채색하세요.

• 사선 모양으로 채색하고 바림하면 좀 더 자연스러운 느낌을 연출할 수 있어요.

22 이파리 바림 중간 과정의 모습입니다.

23 5번 과정의 색에 수감색을 좀 더 섞은 진한 색으로 진한 이파리의 5분의 2 부분씩을 채색하고, 물붓을 이용하여 바깥쪽에서 안쪽으로 점점 엷게 풀어주는 바림 과정으로 채색하세요.

24 17번 과정의 색에 수감색을 좀 더 섞은 진한 색으로 연한 이파리에 잎맥을 그려주세요.

• 잎맥의 모양은 이미지(189쪽)를 참고해주세요.

25 18번 과정의 색에 수감색을 좀 더 섞은 진한 색으로 중간 이파리의 잎맥을, 23번 과정의 색에 수감색을 좀 더 섞은 진한 색으로 제일 진한 이파리의 잎맥을 그려주세요.

chapter 11

November

Reed

11월

겨울에게 인사를 건네는 갈대

바람을 타고 풍성한 꽃대를 흩날리는 갈대는 점점 우리 곁에서 볼 수 없게 된 것 같아요.
가을을 대표하는 갈대는 적응 능력이 좋아 습한 지역에서도 잘 자라는 특성이 있어요.
고여 있는 물속이나 소금기가 있는 물에서도 잘 자라는 식물이어서
전 세계적으로 습한 지역에서는 어디서나 쉽게 볼 수 있어요.
갈대와 비슷하게 생긴 억새와의 차이점은 갈대는 물이 있는 서식지에서 무리를 지어 자라고,
억새는 산이나 비탈진 언덕에서 자란다는 것이에요. 또 갈대는 2m 정도 자라고,
억새는 1m 정도로 갈대가 억새에 비해 더 크게 자라요.
잎의 방향도 갈대는 줄기에서 바로 뚝 떨어지는 형태이고,
억새는 위로 자라다가 부드럽게 곡선을 그리며 떨어지는 차이가 있어요.
마지막으로 갈대가 꽃을 피우면 잎은 더 포슬포슬해져 좀 더 풍성한 느낌이 있어요.
갈대와 비슷한 억새를 구별하기는 쉽지 않지만 이번 장에서 갈대를 찬찬히 살펴보고 나면
확실히 구분할 수 있을 거예요.

리스로 만들어 오랫동안 걸어두기에 갈대만큼 좋은 소재도 없어요.
다른 꽃들과 달리 갈대는 드라이하면 오랫동안 보관이 가능하고, 모양이 변하지도 않아요.
물론 바람에 흩날리거나 손으로 만지면 갈대꽃이 부스러지지만,
손을 대지 않는 이상 갈대의 풍성함을 그대로 유지할 수 있어요.
가을에서 겨울이 오는 순간, 계절의 순리대로 말라가고
건조되는 모습 그대로 드라이 리스를 만들어보세요.
가을의 정취를 오랫동안 느낄 수 있을 거예요.

꽃꽂이 하기

… 준비물 …

꽃_ 갈대, 프리저브드 낙엽, 은엽(없어도 돼요.), 낙엽송
도구_ 리스 틀, 마끈, 와이어, 꽃가위

… How to make …

01 재료들은 리스 크기보다는 크지 않는 길이로 잘라서 준비해둡니다.

02 갈대, 프리저브드 낙엽, 낙엽송을 하나의 미니 다발로 잡아주세요.

- 낙엽처럼 면적이 큰 잎은 가장 뒤쪽에 잡아주는 게 좋아요.

03 만든 미니 다발을 와이어로 돌려서 묶어줍니다.

04 리스 틀 위에 올려두고 와이어로 리스와 미니 다발을 같이 묶어주세요.

- 맨 처음 미니 다발은 리스와 다발을 와이어로 묶어 리스 틀과 다발이 분리되지 않도록 매듭을 지어주세요.
- 드라이된 소재이기 때문에 헐렁하게 묶어주면 빠질 수 있기 때문에 최대한 힘을 줘서 꽉 묶어주세요.

05 그다음부터 들어가는 소재에 와이어를 꽉 돌려가며 고정해줍니다.

06 앞서 묶어준 다발 위로 프리저브드 낙엽을 올려놓고

07 한 손으로는 낙엽을 누르고, 다른 한 손으로는 와이어로 낙엽과 리스를 같이 꽉 돌려주세요.

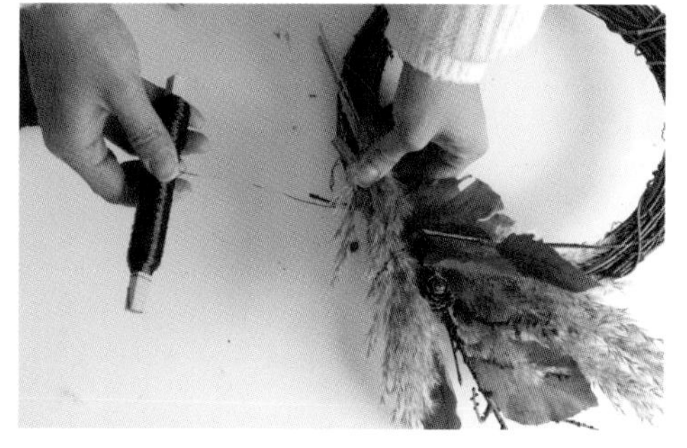

08 그리고 묶어준 낙엽 옆으로 갈대를 리스 옆쪽으로 두고 같은 방식으로 와이어를 단단하게 고정합니다.

09 같은 방식으로 다양한 소재들로 프리저브드 낙엽과 낙업송 그리고 은엽까지 고루 섞어서 배치하면서 와이어로 감아주세요.

10 너무 앞면만 채우는 것보다는 갈대가 옆면에서도 보이도록 옆면에도 갈대를 배치해서 묶어주세요.

11 와이어를 돌리는 방법은 중간에 매듭을 지을 필요 없이 리스와 소재들을 한 번에 와이어로 묶어줍니다. 한 손으로 소재를 꽉 눌러주고 다른 한 손으로 와이어를 돌려서 단단하게 당겨주세요.

12 리스 틀과 소재를 같이 와이어로 감아주세요.

13 낙엽송은 갈대보다 짧게 잘라서 사용하기도 하고, 좀 더 길게 배치해서 낙엽송의 표면을 두드러지게 보여줄 수도 있습니다.

14 여기서 은엽을 많이 사용하지 않았어요. 리스에 2개 정도 사용했는데, 준비하지 못했다면 제외해도 됩니다. 낙엽송과 함께 중간에 은빛이 잘 보이도록 배치했어요.

15 갈대의 경우 술이 적은 갈대는 2~3개를 잘라 한 번에 같이 묶어줘도 좋아요.

16 낙엽의 경우 너무 길게 사용하면 면적이 넓기 때문에 다른 소재들이 가려질 수 있어요. 그러므로 디자인에 따라 길이를 조절해서 사용하세요.

17 갈대, 낙엽, 낙엽송을 번갈아가면서 사용해서 묶다 보니 어느덧 리스 틀에서 9시 방향까지 묶게 되었어요.

18 마지막 미니 다발은 리스에서 바로 묶지 않고 갈대, 낙엽, 낙엽송으로 하나의 미니 다발을 만든 후

19 지금까지 소재들을 순차적으로 놓은 방향과 반대로 올려놓고

20 미니 다발을 잡은 포인트에 리스 틀과 꽃다발을 와이어로 묶어주세요.

21 마지막 다발은 반대방향으로 배치한 이유는 끝나는 지점을 와이어로 보이지 않게 마무리하기 위해서입니다.

22 와이어는 어느 정도 길이로 남겨놓고 잘라주세요.

23 리스 틀 사이에 돌려주고 끼워서 고정시킵니다.

24 윗부분에 마끈으로 문이나 벽에 걸 수 있도록 끈을 만들어주세요.

25 완성입니다.

갈대는 기러기와 함께 그리거나 게와 함께 그려진 모습을 민화 속에서 볼 수 있어요.
갈대와 기러기를 그린 그림인 노안도(蘆雁圖)는 '편안한 노후를 보내라'는 뜻의 그림입니다.
갈대의 노(蘆)는 노인 노(老)와 음이 같고, 기러기 안(雁)과 편안할 안(安)은 음이 같아요.
때문에 갈대가 피어 있고 그 위로 기러기가 날고 노니는 가을 풍경을 담은 그림은
노후의 안락함을 기원하는 길상적인 의미의 그림입니다.
이런 그림은 주로 어르신들의 방을 장식했다고 해요.

또 게가 갈대를 손에 쥐고 있거나 물고 있는 그림은 과거급제를 기원하는 그림이라고 합니다.
게는 실제로 갈대꽃을 먹지 않지만, 게 두 마리가 갈대꽃을 먹고 있는 그림은
'두 번의 과거에 모두 장원급제해서 임금이 내리는 음식을 받는다'라는 뜻을 담고 있습니다.
'전려(傳臚)'는 임금이 직접 과거 합격자를 만나 귀한 음식을 상으로 내리는 행사인데,
중국의 발음 '려(臚)'가 갈대 '로(蘆)'와 비슷해서 만들어진 단어라고 해요.
그래서 과거를 준비하는 서생의 방에 이 그림을 걸어두거나,
과거를 보러 길을 떠나는 사람에게 주어서 열심히 공부할 수 있도록 독려했다고 합니다.

갈대는 꽃의 아름다움을 표현하는 방법이 아닌, 그리고자 하는 의미를 먼저 생각하고
그 의미가 전달되는 소재를 찾아 화면을 구성했던 선조들의 그림 그리기 방식을
잘 보여주는 대표적인 소재입니다.

… 준비물 …

이합장지가 배접 & 반수된 동양화 화판(30×30cm),
연필, 볼펜, 물통, 먹물, 먹 접시, 물감 접시, 민화붓 2필, 세필붓 1필

필요한 물감색_ 호분, 황, 황토, 주황, 홍매, 맹황, 대자, 고동, 흑

… How to draw …

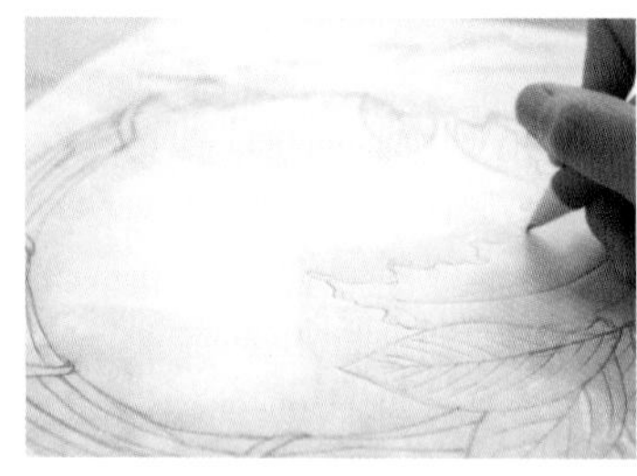

01 먹지 작업이 완성된 도안을 장지 위에 잘 맞춰 올려주세요. 그리고 힘을 주면서 볼펜으로 꼼꼼히 따라 그려 스케치가 잘 배겨날 수 있게 해주세요.

02 흐린 먹으로 리스와 갈대꽃의 외곽선을 그려주세요.

• 물을 많이 섞어 흐리게 그려주세요.

03 황토색과 주황색을 섞어 노란 낙엽의 외곽선과 잎맥을 그려주세요.

04 황토색과 맹황색을 섞어 녹색 이파리의 외곽선도 그려주세요.

05 홍매색과 대자색을 섞어 붉은 낙엽의 외곽선과 잎맥을 그려주세요.

06 황색과 황토색을 섞어 노란 낙엽을, 황토색과 맹황색을 섞어 녹색 이파리를 꼼꼼히 채색해주세요.

07 주황색과 홍매색을 섞어 붉은 낙엽도 꼼꼼히 채색해주세요.

08 황토색, 대자색, 고동색을 섞어 리스 틀을 채색해주세요.

09 호분색, 황토색에 흑색을 조금 섞어 갈대꽃의 2분의 1 부분을 채색하고, 물붓을 이용하여 안쪽에서 바깥쪽으로 점점 엷게 풀어주는 바림 과정으로 채색해주세요.

10 황토색과 주황색을 섞어 노란 낙엽의 5분의 4 부분씩을 채색하고, 물붓을 이용하여 안쪽에서 바깥쪽으로 점점 엷게 풀어주는 바림 과정으로 채색해주세요.

11 주황색과 홍매색을 섞어 녹색 이파리의 5분의 2 부분씩을 채색하고, 물붓을 이용하여 바깥쪽에서 안쪽으로 점점 엷게 풀어주는 바림 과정으로 채색해주세요.

12 홍매색과 대자색을 섞어 붉은 낙엽의 5분의 4 부분씩을 채색하고, 물붓을 이용하여 안쪽에서 바깥쪽으로 점점 엷게 풀어주는 바림 과정으로 채색해주세요.

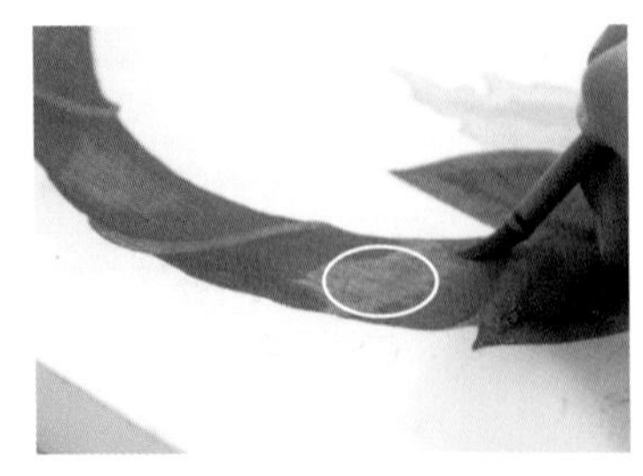

13 8번 과정의 색에 고동색을 좀 더 섞은 진한 색으로 리스의 매듭 양쪽 끝을 채색하고, 물붓을 이용하여 가운데 쪽으로 점점 엷게 풀어주는 바림 과정으로 채색해주세요.

- 동그란 모양을 살려가면서 채색해주세요.

14 갈대 리스의 중간 과정입니다.

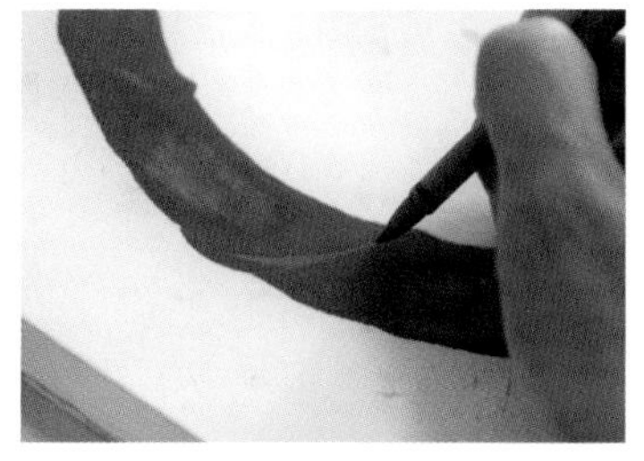

15 황토색, 고동색, 흑색을 섞어 리스의 꼬임 부분 양쪽 끝으로 채색하고, 물붓을 이용하여 가운데 쪽으로 점점 엷게 풀어주는 바림 과정으로 채색해주세요.

- 매듭이 감기는 모양을 살려가면서 채색해주세요.

16 9번 과정의 물감이 완전히 마르면 호분색으로 거꾸로 바림을 넣어 중간에서 자연스럽게 만나도록 풀어주세요.

- 호분색은 종이에 잘 스며드는 색이므로 농도를 짙게 해서 채색해주세요.

17 갈대꽃의 바림 채색이 완성되었습니다.

18 호분색, 황토색, 고동색을 섞어 갈대 이삭을 꼼꼼히 채색하고 줄기를 그려주세요.

19 18번 과정의 색을 흐리게 하여 갈대꽃의 선묘를 그려주세요.

- 세필붓을 이용해서 촘촘히 그려주세요.
- 이미지(207쪽)를 참고하여 끝까지 길게 그리지 말고 반만 그려주세요.

20 19번 과정과 같은 색으로 갈대꽃의 점묘도 함께 그려주세요.

- 점묘의 크기가 다양하게 섞이게 그려주세요.

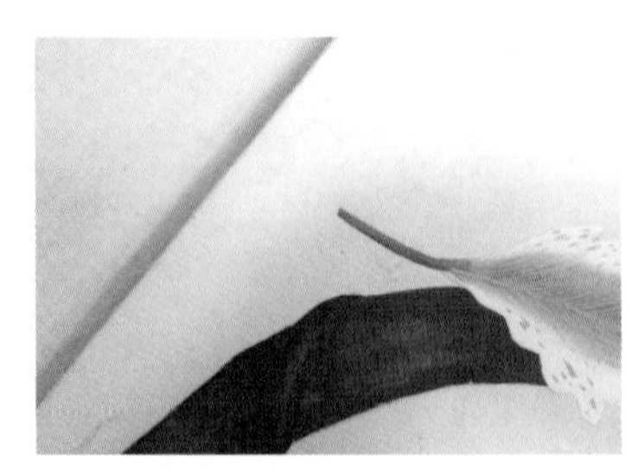

21 황토색, 고동색, 흑색을 섞어 18번 과정에서 채색했던 갈대 이삭의 각 2분의 1 부분씩을 채색하고, 물붓을 이용하여 바깥쪽에서 안쪽으로 점점 엷게 풀어주는 바림 과정으로 채색해주세요. 그리고 맨 위쪽 갈대의 줄기를 아래쪽에서 위쪽으로 점점 엷게 풀어주는 바림 과정으로 함께 채색해주세요.

22 황토색, 주황색, 대자색을 섞어 노란 낙엽의 잎맥과 외곽선을 그려주세요.

- 잎맥의 모양은 이미지(207쪽)를 참고해 주세요.

23 홍매색으로 녹색 이파리도 잎맥과 외곽선을 그려주세요.

24 홍매색, 대자색, 고동색을 섞어 붉은 낙엽의 잎맥과 외곽선을 그려주세요.

25 대자색, 고동색, 흑색을 섞어 리스 틀의 선묘를 그려주세요.

26 고동색과 흑색을 섞어 리스 꼬임에도 선묘를 그려주세요.

27 호분색, 고동색, 흑색을 섞어 이삭에 붙은 털을 선묘로 묘사해 그림을 완성해주세요.

- 물을 많이 섞어 흐리게 그려주세요.
- 세필붓을 이용하여 촘촘하게 그려주세요.

chapter 12

December
Brunia

12월

실버 크리스마스의 손님, 브루니아

꽃 세계에서는 흔히 볼 수 없는 색감이지만 제가 좋아하는 컬러,
바로 은색을 가진 소재들을 간혹 찾아볼 수 있어요.
겨울에만 만날 수 있어 은색이 더욱 빛나는 느낌을 주는 꽃이자 열매인 브루니아입니다.
시중에 파는 꽃들을 드라이플라워로 만들 경우 온도와 습도가 잘 맞아야 곰팡이가 피지 않아요.
또 줄기보다 꽃의 얼굴에 수분감이 더 많기 때문에 거꾸로 매달아 말려야
화형이 구부러지지 않고 예쁘게 말릴 수 있어요.
그러나 브루니아는 다른 꽃에 비해 까다롭지 않게 자신의 형태 그대로 말려짐으로
다소 비싸지만 드라이플라워로 아주 좋은 소재예요.

브루니아는 두 종류가 있는데, 이번 장에서 사용하는
'브루니아 노디플로라'는 열매 같은 동글동글한 부분이 꽃이에요.[11]
물에 꽂아두면 동그란 부분이 꽃으로 피는 모습을 볼 수 있어요.
또 다른 종류의 '브루니아 알비플로라'는 노디플로라에 비해 화형이 좀 더 평평하고,
다양한 컬러로 염색되어 꽃시장에서 유통되고 있어요. 또한 노디플로라와는 달리
방울방울 사이에서 아주 작은 흰 꽃대가 올라옵니다.[12]
아프리카가 원산지로, 우리나라에서는 꽃이 핀 모습은 찾아보기 어려워요.
하지만 크리스마스가 되면 이 열매가 한껏 분위기를 돋우는 역할을 한답니다.
겨울에 매력적으로 오래 볼 수 있는 실버 손님 '브루니아 노디플로라'로 트리를 만들어볼까요.

- 11 김알바, 배철호, 《소재일기》, 수풀미디어, 2019.
- 12 위와 동일

꽃꽂이 하기

… 준비물 …

꽃_ 브루니아 노디플로라, 호랑가시, 구상나무, 은엽
도구_ 꽃 가위, 플로랄폼 칼, 돌림판(없어도 돼요.), 플로랄폼, 물통, 화기, 전구

… How to make …

01 준비한 물통에 물을 가득 담아주세요. 그리고 플로랄폼을 물 위에 올려주세요.

02 플로랄폼가 물을 먹고 가라앉는 동안 절대 플로랄폼를 누르면 안 돼요.

03 플로랄폼가 물을 다 먹으면 처음 플로랄폼보다 색이 진하고 무거워집니다.

04 준비한 화기에 맞게 아래 부분을 각이 지도록 잘라주세요.

05 그리고 화기에 꽂아주세요.

06 플로랄폼 칼로 플로랄폼 윗부분을 삼각형 모양으로 잘라주세요.

07 구상나무를 손바닥 크기보다 작게 자르고, 아랫부분의 잎을 떼어주세요. 그리고 줄기의 끝은 최대한 사선으로 잘라주세요.

08 윗부분부터 잘라준 구상나무 가지를 플로랄폼에 꽂아주세요.

09 플로랄폼의 잘려진 모양대로 맨 위는 일직선으로 꽂고, 점차 아래로 갈수로 각도를 기울여주면서 꽂아주세요.

10 너무 다닥다닥 붙지 않게 약간의 여유를 주면서 꽂아주세요. 이유는 다음 소재인 호랑가시와 브루니아, 은엽이 들어갈 자리를 마련하기 위해서입니다. 전체적으로 구상나무는 형태만 잡아준다고 생각하고 꽂아주면 됩니다.

11 구상나무만 꽂힌 모습이에요. 트리의 형태가 되는 모습이니 참고해주세요.

12 호랑가시도 구상나무와 같은 크기로 자른 후 줄기의 끝부분을 사선으로 잘라주세요.

13 호랑가시를 구상나무 사이사이에 꽂아주면 됩니다. 자세히 보면 구상나무보다 살짝 길게 꽂아서 호랑가시의 뾰족뾰족한 잎 모양을 잘 보여주면 더 예뻐요.

14 구상나무와 호랑가시만 꽂혀 있는 트리 모습입니다.

15 전체적으로 다 꽂았다면 브루니아를 잘라주세요. 줄기는 역시 사선으로 잘라주세요.

16 구상나무와 호랑가시 사이사이로 브루니아를 꽂아주세요.

17 은엽은 아랫부분에 있는 열매를 떼어주고 줄기를 사선으로 잘라주세요.

18 은엽까지 중간중간 꽂아주고, 전구가 준비되었다면 트리에 감아주세요. 완성입니다.

크리스마스 분위기가 물씬 풍기는 실버 브루니아는 민화에서는 그런 흔적을 찾기 어려운 꽃이에요.
지금 우리는 12월을 생각하면 크리스마스를 떠올리죠. 하지만 예전에는 동짓날 팥죽을 먹으며
세화를 그리며 12월을 보내고 1월을 맞이했다고 합니다.

세화는 질병이나 재난 등의 불행을 예방하고 한 해 동안 행운이 깃들기를 바라는 그림으로
주로 닭, 호랑이, 해태와 개를 그려 문에 붙이거나,
화훼영모 중 십장생과 모란 화조도를 그려 붙였다고 해요.
우리 선조들은 사람의 출입뿐 아니라 복이나 재앙도 문을 통해
들어오거나 나간다고 생각했기 때문에[13] 특별히 문 앞에 이런 세화를 붙여두었다고 합니다.
그래서 문배(門排) 그림이라고 부르기도 해요.
특별히 연말이 되면 도화서 화원들은 수백에서 수천 장의 세화를 그려냈다고 합니다.
집마다, 문마다 세화가 붙여져 행복한 분위기가 연출되었던 모습을 상상해보면
어쩐지 조금 귀엽기도 하고, 흥겨운 기분이 들기도 합니다.

우리도 공간을 더욱 귀엽고 따뜻하게 만들어줄 브루니아 가랜드를 그려보며
한 해를 마무리하고, 내년을 준비해볼까요.
추운 겨울을 따뜻하게 만들어주는 소재들을 그려보며
마음을 차분히 가라앉히고 안녕하게 새해를 맞아 보아요.
세화는 서로에게 선물했던 그림이라고 하니, 이번 그림은 특별히 한 해 동안 고마웠던 분이나
내년을 응원하고 싶은 지인에게 선물하는 것도 의미 있을 거예요.

13 김용권(문학박사/경희대학교 교육대학원 교수), 〈Season's Special: 문배(門排), 세화(歲畵), 민화(民畵) 그 개념과 관계 다시보기 ①〉, 월간민화, 2015. 03. 11.

… 준비물 …

이합장지가 배접 & 반수된 동양화 화판(22×27cm),
연필, 볼펜, 물통, 물감 접시, 민화붓 2필, 세필붓 1필

필요한 물감색_ 호분, 황토, 맹황, 백록, 수감, 대자, 고동, 흑

… How to draw …

01 먹지 작업이 완성된 도안을 장지 위에 잘 맞춰 올려주세요. 그리고 힘을 주면서 볼펜으로 꼼꼼히 따라 그려 스케치가 잘 배겨날 수 있게 해주세요.

02 황토색과 맹황색을 섞어 연한 잎을, 맹황색과 수감색을 섞어 진한 잎을 꼼꼼히 채색해주세요.

03 호분색, 백록색, 흑색을 섞어 브루니아 열매를 꼼꼼히 채색해 주세요.

04 황토색, 맹황색, 백록색을 섞어 브루니아 줄기도 꼼꼼히 채색해주세요.

05 황토색, 대자색, 고동색을 섞어 전나무 가지를 채색해주세요.

• 대자색의 비율을 많이 섞어주세요.

06 5번 과정의 색보다 고동색을 좀 더 섞은 진한 색으로 목화 가지도 채색해주세요.

07 호분색, 황토색, 흑색을 섞어 목화솜의 각 10분의 1 부분씩을 채색하고, 물붓을 이용하여 안쪽에서 바깥쪽으로 점점 옅게 풀어주는 바림 과정으로 채색하세요.

08 7번 과정의 물감이 완전히 마르면 호분색으로 거꾸로 바림을 넣어 중간에서 자연스럽게 만나도록 풀어주세요.

• 호분색은 종이에 제일 잘 스며드는 색이므로 농도를 짙게 해서 채색해주세요.

• 호분의 면적을 넓게 칠할수록 뽀얀 목화솜의 느낌을 잘 연출할 수 있습니다. 목화솜의 10분의 9 부분씩 채색하고 바림해주세요.

09 호분색, 황토색, 흑색을 섞어 7번 과정에서 바림 채색했던 목화솜 위로 다시 한번 바림 채색하여 선명하게 그려주세요.

10 붓을 갈필로 사용하여 호분색을 비비듯이 뭉개며 솜의 질감을 묘사해주세요.

11 3번 과정의 색보다 백록색과 흑색을 좀 더 섞은 진한 색으로 각 열매의 2분의 1 부분씩을 채색하고, 물붓을 이용하여 바깥쪽에서 안쪽으로 점점 엷게 풀어주는 바림 과정으로 채색하세요.

- 이미지(223쪽)를 참고하여 초승달 모양으로 채색하고 바림 채색해주세요.

12 실버 브루니아 바림 채색이 완성되었습니다.

13 황토색, 맹황색, 수감색을 섞어 연한 잎의 각 2분의 1 부분씩 채색하고, 바깥쪽에서 안쪽으로 점점 엷게 풀어주는 바림 과정으로 채색해주세요.

14 2번 과정에서 채색했던 진한 잎의 밑색보다 수감색을 좀 더 섞은 뒤, 13번 과정과 동일하게 바림 과정으로 채색해주세요.

15 고동색과 수감색을 섞어 목화받침을 꼼꼼히 채색해주세요. 그리고 같은 색으로 목화 가지의 아래쪽을 채색하고 물붓을 이용하여 위쪽으로 점점 엷게 풀어주는 바림 과정을 채색해주세요.

16 대자색, 고동색, 수감색을 섞어 전나무 가지의 아래쪽을 채색하고, 물붓을 이용하여 위쪽으로 점점 엷게 풀어주는 바림 과정을 채색해주세요.

17 고동색, 수감색, 흑색을 섞어 목화받침의 각 5분의 2 부분씩 채색하고, 바깥쪽에서 안쪽으로 점점 엷게 풀어주는 바림 과정으로 채색해주세요. 같은 색으로 받침 끝쪽으로 삐죽삐죽한 선묘도 함께 묘사해주세요.

18 황토색, 맹황색, 백록색을 섞어 전나무 잎을 그려주세요.

- 선을 너무 일정한 방향으로 긋는 것보다 다양한 굵기와 방향으로 그으면 더 자연스럽게 묘사할 수 있어요.
- 세필붓을 이용하여 촘촘하게 그려주세요.

19 황토색, 맹황색, 백록색, 수감색을 섞어 브루니아 줄기의 아래쪽을 채색하고 물붓을 이용하여 위쪽으로 점점 엷게 풀어주는 바림 과정을 채색해주세요.

20 황토색, 맹황색, 수감색을 섞어 연한 잎의 잎맥을 그려주고, 전나무 잎의 선묘를 다시 한번 그려 풍성한 분위기를 연출해주세요.

• 잎맥의 모양은 이미지(223쪽)를 참고해주세요.

21 14번 과정의 색보다 수감색을 좀 더 섞어 진한 잎에도 잎맥을 그려주고, 전나무 잎을 마지막으로 한 번 더 겹쳐 그려주세요.

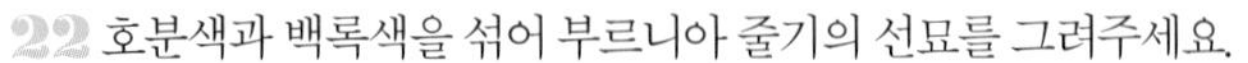

22 호분색과 백록색을 섞어 부르니아 줄기의 선묘를 그려주세요.

23 22번 과정과 같은 색으로 브루니아 열매의 점묘도 그려주세요.

24 브루니아 가랜드가 완성되었습니다.

참고문헌

꽃꽂이 클래스

- Ebin Benzakein with Julie Chai, Cut Flower Garden, CHBONICLE BOOKS, 2017.
- 마리나 하일마리어, 수잔 네바이스, 《꽃보다 아름다운 그림 속 꽃 이야기》 예경, 2007.
- 김알바, 배철호, 《소재일기》, 수풀미디어, 2019.
- 한국직업방송, "일과사람- 매화향기에 취하다 안형재 원장"

민화로 꽃 그리기

- 문봉선, 《새로 그린 매란국죽 1(문봉선의 사군자 다시 보기)》, 학고재, 2006.
- 조용진, 《동양화 읽는 법》, 집문당, 2014 개정판.
- 규장각한국학연구원 엮음, 박현순 책임기획, 《놀이로 본 조선(규장각 교양총서 12): 신명과 애환으로 꿰뚫는 조선 오백년》, 글항아리.
- 정민(한양대학교 교수(국문학과)), 《꽃의 도상학, 말하는 꽃그림》
- 김용권(문학박사/경희대학교 교육대학원 교수), <Season's Special: 문배(門排), 세화(歲畫), 민화(民畫) 그 개념과 관계 다시보기 ①>, 월간민화, 2015. 03. 11.
- 김용권(경희대학교 교육대학원 교수), <Minhwa & Theme: 꽃향기에 취하고 정취에 반하는 우리 꽃그림 화훼도(花卉圖)>, 월간민화, 2014. 06. 10.
- 김용권, 《민화의 원류, 조선시대 세화》, 학연사, 2008.
- 김취정(서울대학교 박사후연구원), <Symbol Story: 김취정 박사의 민화 읽기 ⑥ 국화를 노래하다>, 월간민화, 2018. 07. 10.
- 이상국((사)한국민화센터 이사장), <The Masterpiece Collection: 이형록의 책거리 그림을 중심으로-왕권강화부터 길상까지, 조선시대의 열망을 담아낸 책거리>, 월간민화, 2018. 11. 15.
- 국립민속박물관 웹진, "조선시대 꽃놀이는 어떤 모습이었을까?", 이제이, 2017. 04. 11.
- 장진희, <꽃그림의 象徵性에 關한 研究 : 한시를 중심으로 = (A) study on the symbolismof flower paintings : focusing on its usage in the traditional poetry>, 학위논문(석사), 弘益大學校 大學院 : 東洋畵科東洋畵專攻, 2009.

열두 달,
민화 그리고 꽃

초판 1쇄 발행 2019년 8월 20일

지은이 이영선, 이영애
펴낸이 이지은
펴낸곳 팜파스
기획 · 진행 이진아
편집 정은아
디자인 박진희
마케팅 김서희
인쇄 케이피알커뮤니케이션

출판등록 2002년 12월 30일 제10-2536호
주소 서울시 마포구 어울마당로5길 18 팜파스빌딩 2층
대표전화 02-335-3681 **팩스** 02-335-3743
홈페이지 www.pampasbook.com | blog.naver.com/pampasbook
페이스북 www.facebook.com/pampasbook2018
인스타그램 www.instagram.com/pampasbook
이메일 pampas@pampasbook.com

값 20,000원
ISBN 979-11-7026-257-2 13590

이 도서의 국립중앙도서관 출판예정도서목록(CIP)은 서지정보유통지원시스템 홈페이지 (http://seoji.nl.go.kr)와 국가자료공동목록시스템(http://www.nl.go.kr/kolisnet)에서 이용하실 수 있습니다.(CIP제어번호: CIP2019028063)